SO+ZO ARCHIVES
資料が語る桑澤洋子のデザイン活動

桑沢文庫 8

ブックデザイン　佐久間 善典

目次

第 0 章　デザインを生きる ……………………………… 007
　桑澤洋子が目指したもの　・008
　桑澤洋子の思想を裏付ける資料群　・012
　概念くだきとしての教育　・013
　「啓蒙」「実践」「教育」の 3 つの柱　・015

第 1 章　啓蒙からはじまった ……………………………… 017
　「啓蒙活動」関連略年譜　・018
　桑澤洋子の生い立ち　・020
　「住宅」から「婦人畫報」へ　・021
　「婦人画報」における活動　・024
　雑誌・新聞による啓蒙活動　・026
　テレビとイベント　・034
　学校における啓蒙活動　・037
　働く女性への啓蒙　・039
　八面六臂の活躍　・041
　女性労働者への働き着提案　・043
　外出着・家庭着への提案　・044

第 2 章　実践の果実 ……… 051

「実践活動」関連略年譜　・052
既製服作りを目指した桑沢服装工房　・054
仕事着・野良着の改良運動　・055
ファッション・プロデューサーとしての桑澤洋子　・055
「働き着」へのこだわり　・058
K・D技術研究会とKDK　・059
桑沢オリジナルズ　・060
CIまで念頭に置いた丸正自動車のユニフォーム　・065
伊勢丹と東急　・067
クラレおよび東洋紡　・069
作業服の分析と東洋紡D・Cシリーズ　・069
日石サービスマンユニフォーム　・079
KDKビジネス・ウェア　・081
KDKによる出光ユニフォーム　・084
婦人自衛官のユニフォームもデザイン　・085

第 3 章　教育への傾斜 ……… 089

「教育」関連略年譜　・090
多摩川洋裁学院　・092
K・D技術研究会　・092
桑沢デザイン研究所の誕生　・095
草創時の学科構成　・097
「リビングデザイン」誌との連動　・098

服飾デザインから総合デザインへ　・103
渋谷校舎への新築移転　・104
「KDニュース」の終焉　・108
社会における実践を重視する校風　・110
東京造形大学の誕生　・114
造形大学のコンセプト　・116
多くの人々の意思で生まれた教育機関　・117
東京造形大学における実践教育　・118
桑沢・造形以外での教育活動　・119
造形におけるテキスタイルデザイン教育　・120
教育への収斂　・122

おわりに ……… 124

第0章
デザインを生きる

桑澤洋子が目指したもの

　常にデザイナーとして時代の半歩先を提案し続けた桑澤洋子の、本格的教育活動が開始されてから半世紀がたった。
　下の文章は1954（昭和29）年桑沢デザイン研究所開設時に、桑澤が関係者に送った書簡である。この文章に記されている、機能性と造形性の融合を理想とするデザイン思想や、職能人、つまりデザインのプロフェッショナルとしての技術と感覚を体系的に教育する機関の必要性などの問題意識は、第二次大戦の敗戦からまだ9年後という時代色をまぶされてはいるものの、今も変わらずに通用する普遍的なものだ。桑澤洋子の提起したそれらの課題は現在、半ばは消化され、半ばはいまだに残されている。
　デザインとは何か。デザインは人間に何をもたらすのか……。そんな桑澤洋子の問いが、55年も前の青山通り外苑前交差点近くに、日本における初めての組織的デザイン教育の橋頭保「桑沢デザイン研究所」を生むこととなった。

　ごあいさつ
　日本における女性の服装の実態は、戦争直後からみますと、極端な外国摸倣はなくなってまいりましたが、ともすれば海外流行の断片的な摂取、都会中心の表面的な服装のみに関心がもたれがちです。
　そのために一般家庭の服装、農村、漁村その他の職場の仕事着という、もっとも私たちの生活の中心である服装が、なおざりになっております。それは、日本女性の社会的地位や、日本全体の生活状態に対する認識の不足、日

第0章　デザインを生きる

本の気候・風土の研究調査の不足、あるいは服装以外の他の部門との交流がかえりみられないことなどに原因があるようにおもいます。

　一方、服装面にたずさわる職能人の現状は、表面的には、所謂デザイナーと称する専門家の進出がめざましいようにみうけられますが、事実は、ほんとうの日本人のためのデザイナーも、実力をそなえた技術家も非常に少ない状態です。

　このことは、完全な職能人のための教育機関が全くない点に大きな原因があり、また花嫁学校式の家庭裁縫を目標にしている洋裁学校教育、短期大学および少数の徒弟制度的な技術一方に偏した教育法のみにゆだねられている結果だと考えます。したがって、内職的なデザイナー、裁断師、縫子、実力のない教師、という半職能人が確固とした目標を持てないままに、たえず社会的不安におびやかされつゝ生活しております。このような状態では、相互の交流も、職能人としての社会保障、生活確保も得られようはずがありません。

　このような現状を、いささかなりとも解決するためには、日本全国の服装の現状および海外の服装を科学的に調査研究するとともに、服装を中心として政治・経済・社会・心理・美術・保健などの各部門との交流をはかりあわせて服装業界および服装関係団体、新聞・雑誌の部門とも締結して、綜合的な共同研究を行う必要があります。そして、都市と地方との服装文化の交流をはかり、ほんとうに日本の社会・風土・生活に適合した服装を示し、日本全体の服装の向上をはかりたいと望んでおります。

次に、職能人のためには、以上で得た綜合的な資料を提供するとともに、より完全な技術と感覚を身につけてゆく本格的な職能教育の機関をつくり、実力と正しい意識をもった職能人のための社会保障促進に協力したいと思います。

　女性の生活手段に必要な服装の作製に協力する方法としては、一般家庭婦人の集会に、あるいは働く女性の職場に、指導者を随時随所に派遣してゆきたいと考えます。これこそ服装専門家として、日本女性の社会的地位の向上のために、そして正しい日本の新女性美を生みだすために立派な具体的な仕事であると確信いたします。

　以上のような理想を具体化するために、過去数年にわたり、これを全国的に呼びかけてK・D技術研究会の名称のもとに会を組織し、ようやく会員も約五〇〇名をかぞえるところまでまいりました。

　しかし、目的を達するために必要な場所も設備もなく不便を痛感しておりますと同時に、会員をはじめ、この私どもの主旨を御賛同くださる方々より、目的達成に必要な場を欲しいとの切実な要望が高まり、このたび表記に桑沢デザイン・スタジオを新設した次第でございます。

　理想の一部である職能人に必要な感覚および技術の徹底した教育機関として、このたび当スタジオに桑沢デザイン研究所を開設いたしました。なお、これと同時に、前述のK・D技術研究会を発展的解消して『日本服装科学研究所』(仮称)といった名実ともに幅の広いものにまで進めてゆきたいと考えております。しかし、これは私個人の微力では身にあまる大事業であり、かつ公共的な性格のも

第0章　デザインを生きる

のと考えますので、皆さまの御指導御協力を頂くのほかないと存じます。そして将来、ぜひとも社団法人認可の域にまで進めたいと念じております。

　本日は、桑沢デザイン研究所開設をおしらせいたしますとともに、あわせて『日本服装科学研究所』（仮称）をどのように設立し、組織化してゆくなどの諸点について御意見を賜りたくお願いする次第でございます。

一九五四年四月

桑沢デザイン研究所

桑沢洋子＊

＊原文ママ。以下、個人名としての桑澤洋子の場合、本文では「桑澤」、引用文中では原文表記に従う。

もっとも、文面を見れば明らかなように、この時桑澤洋子の胸中は、デザインはデザインでも服飾デザイン教育がそのほとんどを占めている。だが、桑沢デザイン研究所には当初から、服飾デザインを根底で支えるものとしてのデザイン理論や構成などの基礎科目が用意されていた。バウハウスの創設者ヴァルター・グロピウスがその教育姿勢を絶賛したことも契機となり、すぐに、リビングデザイン（生活全体を美しくデザインするという意味で、インテリアデザインや工業デザインなどを含む）が、研究所の第2の柱として育つことになる。

▍桑澤洋子の思想を裏付ける資料群

桑澤洋子の活動は、戦前からの東京社（現アシェット婦人画報社）での活動を中心とした編集・執筆から、服飾デザイナーとしての活動を軸とするデザインの実践へ、さらに本格的なデザイン教育の舞台としての桑沢デザイン研究所、東京造形大学へと広がっていった。

学校法人桑沢学園には現在、桑澤洋子および桑沢デザイン研究所、東京造形大学に関連する文書類が、8000点ほど原資料として保存されている。その中には、戦前からの桑澤洋子の活動の断片としての著作、デザイン画、実際上は桑沢デザイン研究所の機関紙になっていた「KDニュース」、新聞原稿や記事の切り抜き、寄稿雑誌、保管図書等々が含まれる。

本書は、今回、文書資料の整理が一段落したこともあり、これらの資料群を全体的に眺めなおして、桑澤洋子の果た

した社会的な役割を確認することを目的としている。ひと言でいえば、「桑沢学園に残された資料から桑澤洋子の意味・存在を再確認する」ことである。

「桑沢学園に関係した時点で、誰もが身近にある資料や諸先輩の伝聞のような安直な方法で自分なりの桑澤洋子像を作り上げる」と、ある桑沢学園関係者が嘆いていた。桑澤洋子が自覚していた使命や行動を再確認してもらうための材料を提示することが、その結果として、桑澤自身が目指した、デザイナーである自分の社会的責任を果たすことへの一助となるはずだ。

時代を忙しく駆け抜けていった彼女の夢は、前掲の挨拶文に集約されており、結果として50年以上たった今、桑沢デザイン研究所が、東京造形大学が自立の道を歩み、多くの卒業生を社会に送り出している事実をもってしても、みごとに現実化しているといっていい。

概念くだきとしての教育

桑澤洋子は、ことあるごとに教え子たちを叱咤した。"概念くだき"という表現に集約される叱咤の意味を、共著書から抜粋してみよう。

> 頭の中で考えてゆくだけでなく、身近なところから形をどんどん作っていつて生活を向上してゆく方法をとりたいと思います。ある建築家の話で、「日本の人達は、お金が出来たら家をたてよう、自分が安樂に死ねるまでの家を造ろうとする。それも若いうちから考えている。しかし、

それは進歩性がないのではないか。自分だつたら、現在の自分の生活より進歩した形の家を造りその中に生活してゆくうちに生活のしかたから考え方が進歩してゆくようにしたい。そしてまた次の進歩した家に自分を入れてゆきたい」……ということをきゝました。どんどん家を新しくする方法は出来なくても人の生活を入れる器が封建的で古かつたらまずその中からはいだして、新しい形の中に自分を入れることである思います。
（形から生活をたかめてゆく「仕事をもつ人のみだしなみ」『家庭科辞典』P557 岩崎書店 1951〔昭和26〕年）

"概念くだき" は桑澤の口癖であった。桑沢デザイン研究所の第9代所長を務める内田繁によれば、「社会をかたちづくるさまざまなもの・ことに冷静な目を向け、つねになぜかという疑問をもち、既成概念を疑う。つまり、ものの本質を見抜く眼をつくり出す教育です。いまからさかのぼること半世紀前、当校の創立者である桑澤洋子先生は、『概念砕き』という言葉でこのことを表現しました。『何でも既成の概念を一度疑ってみる、そしてそれがおかしかったら砕いてみよう』と……」（桑沢デザイン研究所ホームページ・所長メッセージ「幸福のためのデザイン」より）。

　今こそ "概念くだき" として、安直に作り上げられたイメージを壊し、資料に基づいて桑澤洋子の価値観を再構築することが求められている。桑澤が、第二次大戦を跨ぎ高度成長期に至る、日本の近代史における最大の動乱期を駆け抜けながら、時代の要請に迫られ動いたこと。またその行動は、本人の資質からきた個人的な興味をモチベーショ

ンとしたものであったことは疑いがない。だが、そこから生まれた価値観は、時代や個人の枠を超えた普遍性へと到達しているからだ。

▌「啓蒙」「実践」「教育」の3つの柱

　桑澤洋子のデザイン活動では、ワーキングウエアの原点ともいえる安くて堅牢なデニム、さらにわが国で初めて開発された合成繊維ビニロンとが支えた「仕事着」を中核とする、服飾デザイナーとしての活動が大きな位置を占めている。しかし、デザイナー桑澤洋子は単なる服飾デザイナーではない。桑澤は、まさにデザイナーとしてデザイン教育体系そのものを実践の中でデザインしたのだ。雑誌記事や著作をまとめ、東奔西走日本全国を駆け巡って講演を行い、桑沢デザイン研究所や東京造形大学を作り上げて、多くのデザイナーを育てた。

　資料を時間軸に沿って網羅的に俯瞰すると、桑澤洋子のデザイン活動からは、「婦人画報」「リビングデザイン」「アサヒグラフ」「NHK婦人百科」等の雑誌への寄稿を中心とした「啓蒙」、K・D技術研究会・婦人朝日講演会・KDK・桑沢オリジナルズにおける「実践」、さらにニュースタイル洋裁学院・多摩川洋裁学院・桑沢デザイン研究所・東京造形大学につながる「教育」という3本の柱が浮かびあがる。
　ここからは、この3本の柱に沿って、所蔵されている資料をもとに桑澤洋子の足跡を辿ってみることにしよう。

第1章
啓蒙からはじまった

■「啓蒙活動」関連略年譜

- 1910（明治43）年 ─────────────────── 0歳
  11月7日、東京市神田區東紺屋町に生まれる
- 1928（昭和3）年 ──────────────────── 18歳
  神田高等女学校卒業。女子美術学校師範科西洋画科に入学
- 1932（昭和7）年 ──────────────────── 22歳
  女子美術専門学校（昭和4年女子美術専門学校に昇格）卒業
- 1933（昭和8）年 ──────────────────── 23歳
  新建築工藝學院入学。「住宅」の編集（〜昭和10）
  『構成教育体系』編纂、「建築工藝　アイ・シー・オール」の編集を手伝う
- 1936（昭和11）年 ─────────────────── 26歳
  「婦人畫報」など東京社（現アシェット婦人画報社）の仕事にフリーで参加
- 1937（昭和12）年 ─────────────────── 27歳
  『生活の新様式』編集を機に、1年後東京社入社
- 1939（昭和14）年 ─────────────────── 29歳
  『洋装シルエット』の編集
- 1942（昭和17）年 ─────────────────── 32歳
  東京社退社
- 1945（昭和20）年 ─────────────────── 35歳
  「婦人画報」の執筆活動、民主団体の講演会などに活躍
- 1946（昭和21）年 ─────────────────── 36歳
  婦人民主クラブに賛同し、啓蒙活動を開始
- 1947（昭和22）年 ─────────────────── 37歳
  土方梅子とともに「服装文化クラブ」設立
  『夏の家庭着と外出着』『冬の家庭着と外出着』婦人画報社（単著）
  「婦人画報」で「服装相談」を行う
- 1949（昭和24）年 ─────────────────── 39歳
  NDCショー出品（〜昭和51）毎年2回春夏・秋冬
  「働く人のきものショー」YMCA
- 1951（昭和26）年 ─────────────────── 41歳
  『洋裁家ガイドブック』婦人画報社（谷長二との共著）
  『家庭科事典』岩崎書店（共著）
  『ジャケットの製作』婦人画報社（八木沼貞雄との共著）
- 1952（昭和27）年 ─────────────────── 42歳
  朝日新聞社「婦人朝日」主催「全国巡回服装相談室」で巡回（〜昭和28）
- 1953（昭和28）年 ─────────────────── 43歳
  朝日新聞社「婦人朝日」主催「全国仕事着コンクール」公募の審査員（〜昭和30）
  『きもの』岩波書店（小川安朗との共著）
  女子美術大学付属中学・高等学校制服をデザイン

第 1 章　啓蒙からはじまった

- 1954（昭和 29）年 ──────────────────── 44 歳
『アサヒ相談室　服装　色彩を中心として』朝日新聞社 （単著）
「友禅ショー」出品（アメリカ・シカゴ開催）
研究所主催「桑沢洋子作品発表会」（昭和 33 / 35 / 36）
- 1955（昭和 30）年 ──────────────────── 45 歳
『家の光生活シリーズ　衣服編』家の光協会 （単著）
- 1956（昭和 31）年 ──────────────────── 46 歳
作業衣発表会（小原会館）
「国際コットンファッションパレード」出品（イタリア・ベニス開催）
倉敷レイヨン（株）主催「倉敷ビニロン展」で、テキスタイルデザイナー柳悦孝（織物）、繊維メーカーと組んでの実験的な作品発表
『現代のアクセサリー』河出新書 （単著）
『生活の色彩』勝見勝編（桑澤担当 6 ～ 10 章）河出新書
- 1957（昭和 32）年 ──────────────────── 47 歳
『ふだん着のデザイナー』平凡社 （単著）
『装苑臨時増刊　桑沢洋子デザイン集　ふだん着のスタイルブック』文化出版局
- 1958（昭和 33）年 ──────────────────── 48 歳
第 3 回ファッション・エディターズ・クラブ賞受賞
- 1959（昭和 34）年 ──────────────────── 49 歳
『魅力をつくる』角川書店 （共著）
『洋裁全書』主婦の友社 （共著）
- 1961（昭和 36）年 ──────────────────── 51 歳
『かしこい衣生活』読売新聞社 （共著）
『基礎教育のための衣服のデザインと技術』家政教育社 （単著）
- 1963（昭和 38）年 ──────────────────── 53 歳
『家の光生活シリーズ　衣服編』家の光協会 （単著）。農村着改善
『現代女性の手帖』社会思想社 （共著）
- 1965（昭和 40）年 ──────────────────── 55 歳
日本放送協会「婦人百科」4、5、6 月号の「衣類のすべて」の項目を執筆。10 週連続テレビ出演
- 1966（昭和 41）年 ──────────────────── 56 歳
「アサヒグラフ」（週刊）のファッションアングルを 1 年間担当
- 1970（昭和 45）年 ──────────────────── 60 歳
『日本デザイン小史』ダヴィッド社 （共著）
- 1977（昭和 52）年 ──────────────────── 66 歳
4 月 12 日死去
『桑沢洋子の服飾デザイン』婦人画報社　5 月 20 日刊行

＊常見美紀子『桑沢文庫 5 桑沢洋子とモダン・デザイン運動』「桑沢洋子年譜」をもとに作成。

桑澤洋子の生い立ち

　桑澤洋子は1910(明治43)年、東京神田で生まれた。生家は洋服問屋で、6人姉妹の5女として何不自由ない幼少期を過ごす。父が1925(大正14)年に他界してからは、次姉がタクシー運転手などをして一家を支えた。

　神田高等女学校(現神田女学園)卒業後、桑澤が進学先として選んだのは、女子美術学校(現女子美術大学)である。子どものころから絵が好きで、画家になることを目指していた桑澤は、この学校で洋画を学ぶ。しかし、女子美術学校で学んだ新しい絵画の世界は、「少しの刺激こそあれ、けっして心を大きくゆすぶるものではなかった」(最初の職業『ふだん着のデザイナー』桑沢洋子 桑沢文庫1 2004〔平成16〕年より、原著は1957〔昭和32〕年平凡社刊)。

　そんな桑澤の心をつかんだのは、建築であった。「新しい生活様式、抽象的すぎる芸術とは違った生活のための造形、人間をより高度に合理的に生かしていく生活様式」(バウハウス教育の刺激、前掲書より)に関わる仕事をしたいと考え、それには「まず新しい調度や建築に接する機会を得ることだ」(同)と思い定めたからだ。建築と服飾、ジャンルは違うが、後に、「美しくかつ合理的」(「KDニュース」25号より)で、「生活のなかに根をおろした生きたきもの」(神田女学園編『竹水七五周年記念号』神田女学園〔旧神田高等女学校〕同窓会 より)を目指すことになる桑澤洋子の原点はここにある。

　建築に興味を持つきっかけとなったのは、新建築工藝学院という不思議な学校との出会いだった。

建築家川喜田煉七郎が主宰するこの学校は、バウハウスの造形教育を基礎に、建築、工芸、デザイン等を教えるユニークな教育機関だ。桑澤洋子だけでなく、グラフィックデザイナーの亀倉雄策、草月流いけばなの創始者である勅使河原蒼風などもこの学校で学んでいる。

ちなみにバウハウスとは、1919年ドイツのワイマールに設立された美術工芸学校で、芸術と工業を統一する理念を立て、活発な造形教育を行い、ここでの教育・造形活動は、その後の近代デザイン、建築に大きな影響を与えた。後に桑澤洋子が設立する桑沢デザイン研究所は、バウハウスの創設者ヴァルター・グロピウスその人から、「私は、ここ（桑沢デザイン研究所＝編者注）に、素晴らしいバウハウス精神を見出した」と絶賛されることとなる。

「住宅」から「婦人畫報」へ

1933（昭和8）年、新建築工藝學院で学びながら桑澤洋子は、恩師川喜田煉七郎の紹介で雑誌記者の仕事を得た。媒体は、月刊誌「住宅」である。桑澤は第一級の建築家たちに取材し、原稿をまとめ、カットまで添えた。さらにこの雑誌の仕事の合間を縫って、川喜田の発行する「建築工藝アイ・シー・オール」誌、『構成教育体系』の編集にも手を貸したという。

そんな経験を認められ、東京社の「婦人畫報」から声がかかったのは、1936（昭和11）年のことだ。桑澤が担当することとなった翌37（昭和12）年新年号付録『生活の新様式』は、新時代の住生活をテーマにしていたため、「住

宅」で培った建築に関する知識と建築家人脈を認められたのである。この付録の編集をきっかけとして、翌年、桑澤は正式に東京社の社員となった。そして、これを契機に建築から、「婦人畫報」本誌の主なテーマである服飾へと、そのフィールドを移していった。

　この時期、桑澤とともに「婦人畫報」の誌面作りを担ったのが、写真家の田村茂と、グラフィックデザイナー亀倉雄策であった。

　1942（昭和17）年、ますます激化する日中戦争の影響で自由な編集・出版活動が困難になると、桑澤は東京社を退いた。だが、戦後出版事情が回復すると、今度は社外スタッフとして「婦人画報」の誌面を飾るようになる。戦後

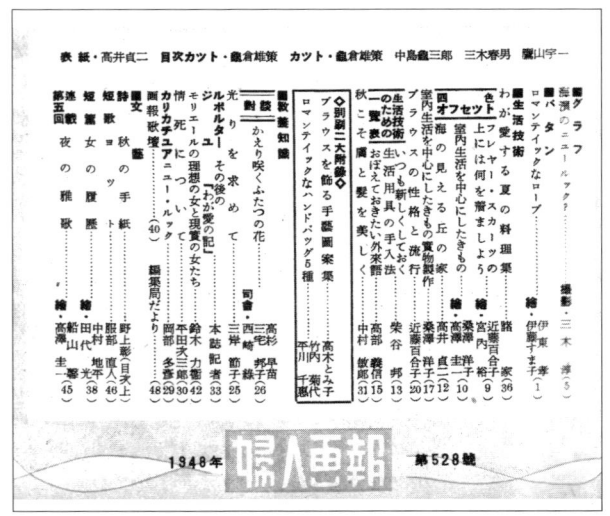

「婦人画報」 1948（昭和23）年9月号目次。桑澤洋子は〔室内生活を中心にしたきもの〕というテーマで計5ページを担当している

第1章　啓蒙からはじまった

桑澤洋子・田村茂・亀倉雄策〔後列〕。1948（昭和23）年ころ

すぐ婦人画報社に入社してきたのが、高松太郎である。高松は後に桑澤の右腕として、桑澤デザイン研究所および東京造形大学の設立と発展に大きな役割を果たすこととなる。

「婦人画報」における活動

　桑澤洋子は、戦前ならびに戦後を通じてさまざまな雑誌で記事を執筆・編集しているが、なかでも「婦人画報」には、編集者や執筆者として特に深く関わっていた。現在、桑沢学園にはこの雑誌の1939（昭和14）年から1970年代までの号が保存されている。この時代は月刊婦人雑誌の興隆期と一致しており、ほぼ毎号掲載されていた桑澤の記事の力点は、社会人として活動をはじめたばかりの若い女性への啓蒙に置かれていた。

　自身の専門領域である服飾デザインを主な手段として、特に戦後数年間の欧米に立ち遅れていた生活様式——服装生活を前提に、「美しくかつ合理的」（「KDニュース」25号）な普段着や仕事着を若い人たちに啓蒙することが主眼だった。目次から抜きとった記事内容を整理すれば、何を伝えたかったかがはっきり見えてくる。

　「婦人画報」の広告欄には、読者向けの実践空間として、桑澤洋子が顧問デザイナーを務める「赤門洋装店」の広告が掲載されており、この店も因習的な服装生活からの脱皮を訴えていく重要なスペースであったと思われる。また編集部内に「服装相談室」という名称でスペースを設け、直接的に読者の相談・指導・助言も行っていた。

第 1 章 啓蒙からはじまった

「婦人画報」桑澤洋子執筆および田村茂・亀倉雄策関連号（抜粋）

号	発行日	担当頁テーマ	執筆	写真	デザイン
465	1942年11月1日	世界通信；浮かびあがったロレンソ・マルケス あなたで出来る美しい服の技術	桑澤洋子		亀倉雄策
472	1943年6月1日	健兒園の記録 勤労服	桑澤洋子	田村茂	
475	1943年9月1日	女性も増産の戦士 更生品で整えた若い人の基本服装	桑澤洋子	田村茂	
476	1943年10月1日	戦ひの翼 防空女學生 私の防空服 座談；婦人標準服と衣服の方向	桑澤洋子	田村茂	
480	1944年2月1日	日本的な構成を持った働き着 働き着の作り方	桑澤洋子	田村茂	
494	1945年10月1日	鎌倉文庫の人々 モンペの襟を美しく	桑澤洋子	田村茂	
495	1945年11月1日	婦人参政権への道 私たちの服装生活をどうする？	桑澤洋子	田村茂	
498	1946年2月1日	新しき踊りを求めて 服装生活相談室	桑澤洋子	田村茂	亀倉雄策
499	1946年3月1日	アメリカンモード第一報 服装生活相談室	桑澤洋子	田村茂	亀倉雄策
500	1946年4月1日	東京の憂鬱 カーディガン・ジャケット	桑澤洋子	田村茂	亀倉雄策
501	1946年5月1日	URAGA PORT 服装生活相談室	桑澤洋子	田村茂	亀倉雄策
502	1946年6月1日	ゆかた 大柄ゆかたのデザイン 服装生活相談室	桑澤洋子	田村茂	亀倉雄策
503	1946年7月1日	夏のアメリカ調 ワンピースの新しいデザインと裁断の急所	桑澤洋子	田村茂	亀倉雄策
504	1946年8月1日	三浦半島とリゾートファッション シルエットの作り方	桑澤洋子	田村茂	亀倉雄策
505	1946年9月1日	BALLETバレエの人々 新しいスーツの線を理解するには	桑澤洋子	田村茂	亀倉雄策
507	1946年11月1日	芸術の復活 生活的な服装	桑澤洋子	田村茂	亀倉雄策
508	1946年12月1日	祈りの世界 素晴らしい防寒着の材料	桑澤洋子	田村茂	亀倉雄策
510	1947年2月1日	用布節約から生まれた新しいカッティング	桑澤洋子	田村茂	亀倉雄策
511	1947年3月1日	春の着こなし	桑澤洋子	田村茂	亀倉雄策
513	1947年5月1日	雨季来る 貴女のレインコートは貴女の手で！	桑澤洋子		亀倉雄策
514	1947年7月1日	海のきもの	桑澤洋子		亀倉雄策
515	1947年8月1日	波と砂の生活のために	桑澤洋子		亀倉雄策
516	1947年9月1日	秋の普段着 和服地から カッティングの急所	桑澤洋子		亀倉雄策
517	1947年10月1日	更生技術を主にしたカーディガン・ジャケット四種の作り方	桑澤洋子		亀倉雄策
519	1947年12月1日	貴女はどんなコートを選ぶか	桑澤洋子		亀倉雄策
520	1948年1月1日	特集 衣服設計術	桑澤洋子		亀倉雄策

＊513号は合併号

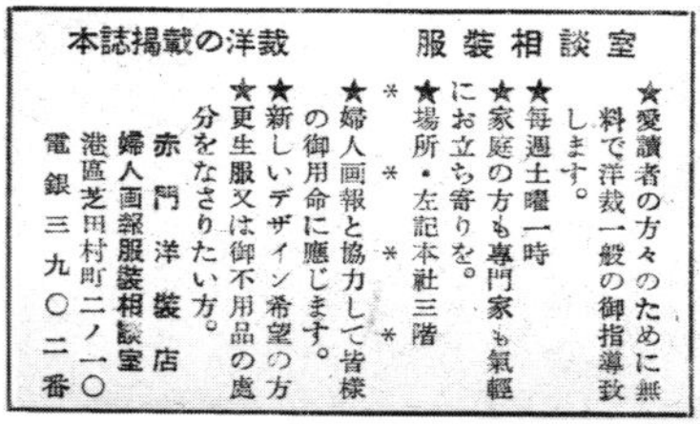

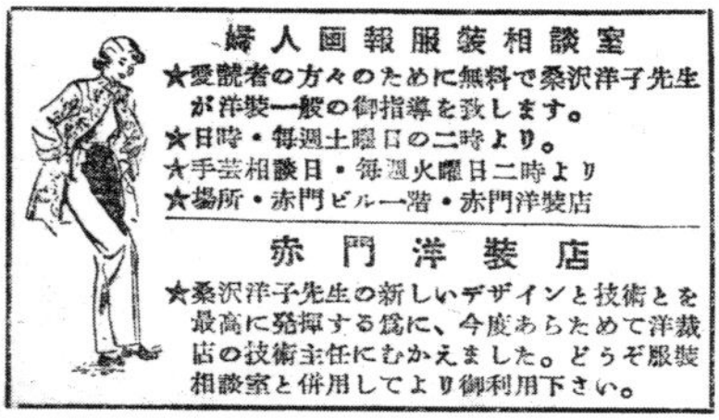

〔服装相談室〕〔赤門洋装店〕の広告。「婦人画報」1948（昭和23）年9月号（左）
「婦人画報」1951（昭和26）年7月号（右）

▍雑誌・新聞による啓蒙活動

　「婦人画報」に掲載された服装相談室および赤門洋装店の囲み広告を見れば、当時の桑澤洋子の活動とスタンスを了解していただけるだろう。編集者として記事で毎号読者のニーズをすくい上げ、日本全国で"桑澤洋子"からの発信を待ち望んでいた人たちに提供する一方で、自分でも洋装店を開き、社内に服装相談室を設けて直に読者を指導する……。つまり「婦人画報」という一媒体の中でも、啓蒙、実践、教育という3つの活動を並行して行っていたことになる。

　戦後混乱期に「婦人画報」を毎月待ち望んでいた若い女性は、かなりの数に上るはずだ。統制下で印刷用紙まで制約を受けながら限定発行されていた雑誌は、回し読みや貸本屋などを通じて、戦時中から情報に飢えていた人々の中にまさに砂に水が浸みこむように入り込んでいった。

　記者や編集者ではなく、誌上で、服飾デザイナーとして作品の展開を行うにあたっても、編集部の意図のままにデザインのみを行うのではなく、編集方針を決める段階から

関わり、しかも自分のイメージをあうんの呼吸で表現してもらえる友人たちとのコラボレーションにより作業を進めていった。つまり「婦人画報」という場を借りて、自分のコンセプトを主体的に表現し続けたことになる。この啓蒙活動が評価され、後にさまざまなメディアへの展開が可能になったのである。

「婦人画報」「KDニュース」「リビングデザイン」など、桑澤が編集部と密接な関係を持っていたメディアだけにとどまらず、当時の代表的テキストメディアであるグラフ誌、週刊誌、新聞、つまり「アサヒグラフ」「週刊朝日」、時事通信社からの配信による日本全国の地方紙ならびに「繊研新聞」「DELICA」（千趣会）、「家の光」、「友愛」、「赤旗」等々への記事提供が、啓蒙活動展開のさらなる足場となった。桑沢学園にはそれらの媒体に掲載される前の桑澤の原稿の下書きも保存されている。

> 　　　　　新しい美しさBGのきこなし　桑澤洋子
> ☆働くということと美しいということ
> 　汚れきった作業衣をきている労働者にカメラをむけようとしたら、俺たちは今きたないが美しい衣服をきればもっと美しいのだから、今はいやだ、と撮影を拒んだ話。年老いた漁師が網をひいている海岸の風景をカメラにおさめようとしたら、その漁師はカメラマンに石をなげて怒った話。野良で働いている農婦が、どうせ泥地で働くんだから、きものはぼろでもよいと考えている話。紺の囚人服のようなスモックを会社から支給されているサラリー・ガールが、仕事中だからわびしい姿でもしかたがない、とあきらめて

いる話。等々を総合して考えてみると、働いている時には、美しさ、たのしさを切離して考え勝ちのようである。
　たのしくて美しいといってもオフィスでの仕事の内容、環境にふさわしい装いであることは当然であるが、紺でなければ、白でなければ、堅いスーツでなければならぬ、という観念的な考えをはずして、その人らしい美しさ、たのしさ、ほこらしさをもてるようなオフィス着、通勤着を考えなおすと同時に、たのしい美しいきものとは、社交着や訪問着だけでないという当然な考え方になってほしいと思うのである。
☆新しいということ、流行とわたくしたちの問題
　ことしの秋冬の流行はどういうシルエットで、スカート丈はどうなのだろうか。とだれでも一応は気にかけている。トップ・モードまでの関心がなくても、デパートの商品の中にも、服飾雑誌の解説にもそうした流行の問題は、私たちの眼にふれる。そして、流行を追うつもりでなくても、しらずにその年の新しい感覚の中で生活し、きものを選んでいるのである。ではいったい流行の生態はなんだろうか。新しいということはどういうことなのか考えてみたい問題である。
　日本の産業経済の中で生産された繊維製品は一部輸出されるが、大半はみんなに買って貰って消費しなければならない。そこでことしの流行は、傾向は、といううたい文句を利用した宣伝によって、一般の消費者にぶつけるのである。いわば買わされてしまうのである。たしかに、新しく考え作られてゆくものの中には、よいものがある。よいものとは、私たちの現在から今後の生活の中で生きて着

られ、使われてゆくものである。いいかえれば、今まで着たり使ったりした形式や考え方ががらっと、或いは段階を追ってよく変えられる結果をまねく商品であり、デザインである。

　きものの場合、スカート丈やシルエットという人間が着た場合の形だけの問題で、新しさ云々をいいたくない。今までのしきたりでいえば、コート地はコートを作り、スーツはスーツの生地で作ったものが、厚いコート地で、スーツを作ることによって、コートとスーツの両方の役割を一着のスーツですませることになったり、ゴムのような生地ができて、ぴったりした運動用のができたり、新しい繊維製品ができて、アイロン不要になったり、ブラウスともジャケットともつかない自由な上衣の形態があらゆる生地で自由に作られてきたり、いいかえれば、表面的な形の問題でなく、古い形式の打破であり、そのきものを着ることによって、生活の仕方が新しくなる結果が得られることである。

☆新しい計画

　つねにくすんだ色調のものを好んでいるあるBG（ビジネスガール＝編者注）が、ある日、強烈な紫のシャツ・ブラウスを着てきて、同僚をあっといわせた。十一月のオフィスに、純白のツィードのスカートに白のバルキー・スエーターを着てきた。厚ぼったいツィードの街着の胸元に、絹のシャンタンのシャツ・ブラウスがのぞいていた。クリスマスのはなやかなカクテル・ドレスの中で、黒ビロードのクラシックなスーツを着てきた。十二月の晴れた日に、グレイの薄地ウールのトレンチ・コートを着て、タバコ色のふかふかと温かそうなキャップと手袋をして街を歩いていた。等々。

季節感も個性も用途も、一通りの常識的な考え方を超越した着こなしは新鮮である。しかし、その場の雰囲気もその人の個性も無視した、あまりにも不調和な装いをいうのではない。いいかえれば、奇異に感じるようなゆきすぎた装いは新鮮とはいえない。

衣計画の場合、職場で着る一とおりの通勤着がととのった後は、慶弔雨用になる黒のスーツがほしい。カクテル・ドレスがほしい。旅行着。そして家庭着がほしい。というような一通りの常識的な用途別を考えた計画をたてるようである。

新しい美しさ、そして個性的な美しさの表現は、そうした観念的な計画でなく、その人の内面的な性格や趣味性をつっこみ、それを土台に考えての計画から生れてくるのである。スポーツずき、旅行ずきの動的な人は、おのずから日常のオフィスでの仕事の中に、或は、社交面の中にそうした個性がにじみでてくるのであり、反対に、静的な家庭的な個性の人は、おのずからすべての生活面にその人らしさがにじんでくるのである。いいかえれば、その人らしさにぐっと焦点をあわせて、その上に、新しい内容を盛込んだ衣計画こそのぞましいのである。

（「日本経済新聞」掲載のための原稿下書き。〔昭和34年10月7日作成〕）

　　農村女性と衣服　農村婦人の衣生活への希望
　山陽地方のある県で、わたくしたちが試作した農村作業衣の着用実験をして貰っています。
　先日その作業衣を中心にして、感想や意見を交す座談

会を催しました。グループの指導員ともみえる年配の婦人が「わたくしのところの集りはみなさん熱心で、いつも活溌な話合いをいたします。この作業衣の話合いの時、会の後で若いお嫁さんが、わたくしをすみにひっぱっていって"家では、これを着るとなんだか炭鉱夫のように殺風景で、お前が可哀想だよ、というんです"と話してくれました。わたくしはそのお嫁さんのこっそりした訴えが、なんだかほんとうの気持ちをかたっているような気がするのですが……」と。その作業衣というのは上衣風なシャツとスラックスのセットで、色は都会では好まれる若々しいブルーだったのですが、綿ギャバという材質からうける感じや、上下セットに着た場合、ユニフォーム的な匂いがして、農村ではたしかに囚人服にみえるきらいがあったとわたくしも反省していますし、自分は農村の近代化を考えてデザインしたつもりでしたが、家族毎の集団をなしている農村では、農村着はユニフォームではないのですから、もっと人間的な味の着こなしのできるのが農村では必要だと思っていました。

それはともかく、こうした発言の中から感じることは、縫い直し、洗いざらしの作業衣で我慢することを農家の嫁の美徳としていた時代が去り、テレビや映画等マスコミなど刺激も手伝って、今では嫁だけでなく、うるさい舅も姑もみんな美しい装いへの期待を抱いているように思います。

こうした農村の人々の希望は希望として、現在着ているものはどうなのでしょうか。

耕耘機や脱穀機等生産にかかわる道具類やテレビや洗濯機や冷蔵庫の購入、住居の改善等、住生活に関したも

のは、世帯主が中心になって家族全体の問題として考えられます。衣生活については、主婦の労働力を犠牲にした家庭裁縫が、農家経済の中で果たす面が多いだけに、これをすべて既製服に切替えることが容易ないことが一つの原因かとも思われますが未だに主婦にまかせられていて他の生活面の近代化が進んでいる割りに衣生活はおくれているようにもみうけられます。

　しかし最近は、農家の人手不足は、いやでも主婦が農作業の主力となり、農家の財布を主婦が握るようになってきました。こうした主婦の座の変化は、一方では家庭裁縫の肩代りとして既製服を求める方向に動いていることも、座談会や約50％というアンケートの数字等が示していると思いますが……どんな既製服が着られているかといった内容的なことになると、上は三～四百円程度の普通のブラウス、下は二百七～八〇円で買える綿絣のゴム入りモンペというのが、いちばん多く着られているようです。これでは単に縫う手間がはぶけるというだけの淋しい変わりようにしか思えませんし、農村の人たちも、これで満足しているとは思えません。モンペ式の紐むすびではいやだとか、かすりでは生地が薄くてごみが入りやすい、ひっかかって破ける、年に三枚消費している等その他、形や色に対しての希望が、座談会などで、次々と出てくるのは、これまでの辛抱の裏返しのように思われてなりません。

　今日は農村着の現状や農村の人々の希望をかいたが、デザインする側あるいは農村着の商品化について、後の機会にまとめてみたいと思います。

（「産経新聞」掲載のための原稿下書き。〔作成日不明〕）

時代は飛ぶが、「婦人画報」1977(昭和52)年(桑澤洋子の没年)7月号の投書欄に、大阪府八尾市に住む熊谷敏子の「桑沢洋子先生のご冥福を祈る」という投書が掲載されている。

　いつものように読み終えた朝刊をたたんで、つと立ち上がろうとしたとき、なにかにたぐられるようにして眼を射たのは、思いもかけない桑沢洋子先生のご訃報の記事であった。
　長い間ご病気でいられたとか…、つい先日、婦人画報五月号の案内で先生の著書が華々しく紹介され、私は発売の日を待ちわびていた昨今であったのに…。
　先生を初めて知ったのは、見渡す限りの焼け野原の敗戦間もない時代であった。戦前の豪華版と比べると、見る影もないワラ半紙のガリ版刷り数ページの婦人画報が、それでも再出発の名乗りをあげて登場してきた。人々は衣も食も住にも飢え、荒れすさんでいたあの頃 "貧しけれど心高く豊たれ" と謳った婦人画報の進路に小さな灯を見いだし、何かにすがるよう毎号発売を待った、その頃からの私は読者である。なかでも桑沢洋子先生の記事、デザイン製図は具体的に私の衣生活、ひいては精神生活にまで示唆を受け、今日にいたっている。
　しかし、いつしか先生の記事は稀にしか拝見できぬようになり、せめて著者になりと接したいと探しあぐねて直接先生に問い合わせのお手紙を書いた。数日後、まことにご丁重なお返事が六枚の便せんにぎっしり書きこまれて手元に返ってきた。一面識もない自分にあててかいてくださっ

た一字一字に感激し、今もその手紙は私の手箱にしまってある。（略）

　和装から洋装へ……女性が家庭内労働や農作業の担い手として働かなければならなかった戦前の境遇、男手の足りない戦中から、戦後にかけて少しずつ進んでいった女性の社会進出。このような時代と切り結びながら、女性の社会的地位の向上を目指し、デザイナーとして半歩先の提案をしていく桑澤の姿勢が、精神生活までの示唆を生んだのだろう。戦後から高度成長期にかけて、桑澤洋子が、世の女性たちからどれだけ切実に求められていたかがよくわかる。

テレビとイベント

　敗戦後の1953（昭和28）年から55（昭和30）年にかけては、全国仕事着デザインコンクール（「婦人朝日」主催）という催しが各地方主要都市で開催され、桑澤洋子は審査員の中核として参加する中で、東北各地をはじめ全国で講演を行った。

　戦後の混乱期に「働きやすく美しい仕事着」の普及を目指し、まず農村の若い女性たちを野良着から解放することを目的に、「婦人画報」での提案や、地方紙、「家の光」や「赤旗」への寄稿、新聞・雑誌さらに1960年代にはNHKのTV放送（1965〔昭和40〕年4〜6月NHK総合テレビ「婦人百科」）までも駆使し、啓蒙活動を展開している。以下はTVとの連動テキスト「婦人百科」の目次より抜き出

第 1 章　啓蒙からはじまった

「婦人百科」1965(昭和 40)年
5 月号表紙

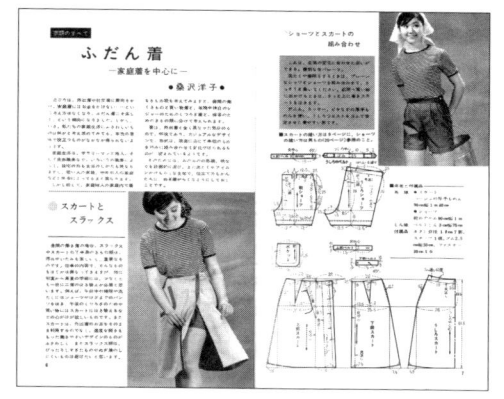

「婦人百科」1965(昭和 40)年 5 月号中頁　(一部)

した、桑澤担当部分のタイトルである。桑澤は毎週月曜日
放送の「衣類のすべて」というコーナーの中で以下のテー
マを担当していた。

●ふだん着——通勤着・街着を中心に——桑沢洋子
オーソドックスなシャツ
シャツジャケット
シャツ形式のドレスとコート
スカート
(衣類のすべて「婦人百科」4 月号 4／5 〜 28 放送分目次より)

●ふだん着——家庭着を中心に——桑沢洋子
スカートとスラックス
エプロン

035

ワンピース
男の仕事着
(衣類のすべて「婦人百科」5月号5／3〜31放送分目次より)

●ふだん着──くつろぎ着を中心に──桑沢洋子
くつろぎ着
ねまき
ペアスタイル
(衣類のすべて「婦人百科」6月号6／1〜30放送分目次より)

　また桑澤洋子は、三洋電機が主催する「サンヨー生活スクール」といったイベントにも積極的に協力した。
　桑沢学園には、山口瞳・松本亨の講演と映画鑑賞の紹介が掲載された、朝日講堂開催時の「パンフレット(サンヨー生活スクール 女性サロン 中央教室 1964.7.28)」などが資料として保存され、そのパンフレットにはメモとして"7月から3月までの月2回200名規模 1965年4月から"という打ち合わせ内容が記されている。
　また、桑澤自身が書いた同スクール推薦状の下書きは、以下のようなものだ。

> 　このサンヨー生活スクールは、単なる生活の知識を羅列した講座に終わりたくないと思います。現在の主婦たちが希望している、自分のこと、夫のこと、子供のこと、など精神的なことから具体的な衣食住のことまで本当に役立つ講座のカリキュラムが組まれるように努力しています。
> (サンヨー生活スクール開催についての推薦状下書きより)

サンヨー生活スクール関連の資料としては、このほかにデザイン画が保存されている。デザイン画の主なタイトルを拾い上げたものが以下である。

■ウーステッドのコート　奥様方の合着　冬のコート
■リバーシブルのコート　奥様方の合着　冬のコート
■ニットのコート　奥様方の合着　冬のコート
■ジャージーのツーピース　PTAやお買物に
■ウールのシャツジャケット　PTAやお買物に
■ジャンパースカート　PTAやお買物に
■一枚仕立のカーディガン　あたたかいホームウェア
■キルティングのポンチョ　あたたかいホームウェア
■ロング スカート　あたたかいホームウェア

　同スクールは、一見するとカルチャーセンターのはしりのように見えるが、桑澤洋子はここでも、対象とするユーザーの状況に合わせ、ごくありふれているがゆえに、逆になかなか専門家による提案のない日常着におけるニーズを先取りした。

学校における啓蒙活動

　さらに桑澤洋子は、1967（昭和42）年から1968（昭和43）年にかけ、若い女性教師に対する啓蒙手段として、明治図書の「婦人教師」誌における相談やコラムでも活動を展開している。最終的なターゲットは、次代を担う高校生だと思われるが、女性教師を味方につけて、間接的に自身

の理想を生徒に伝えようとしたのだろう。同時に桑澤は、教科書の作成・執筆をも手掛けた。教科書での服装教育のモデル作りとして、あるいは実践の場として、女子美術大学付属高校や同短期大学での授業を中心としたカリキュラム作成や教本の作成が行われ、これがやがて教科書編纂へとつながっていった。関連する内容を保存資料より抽出したものが以下である。

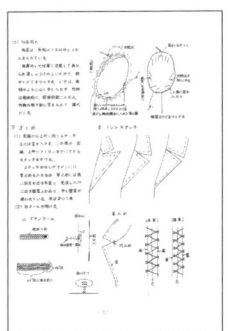

「ジャケットの製作」 表紙と中頁 (一部)

- ■「ジャケットの製作」女子美短大 服飾科 桑沢クラス テキスト
- ■「高校家庭一般 被服編」119-176 p 実教出版
- ■青山学院クラブ活動 服飾研究会講座 生原稿
- ■「制服のしおり」女子美附属高・中学校制服（夏・初夏／初秋着・合着・冬着冬期通学用オーバー・コート）
- ■名古屋 すみれ女子短大 授業テキスト
- ■「家庭・技術教育」教科書ゲラ抜刷 Bデザイン研究 2.

服装美の表現研究、C 衣生活の設計 3. 被服設計（全国教育図書 1967）

■青山学院高等部制服 デザイン画
■福岡県太宰府高等学校制服 デザイン画
■雙葉学園制服 デザイン画

　こうした取り組みにより、体系化された若い女性の服装生活を具体的に明示し、教育実践の場で展開してもらうこと。また一方で、女子美術大学付属中学校・高等学校の制服のように、多くの校服を作ることで、服飾デザインにおけるコンセプトを女子中高生たちに具体的に体験させることにより、その理念を感覚的に理解してもらおうと考えたのだろう。桑澤洋子という著名デザイナーがデザインした制服への憧れを糸口に、機能的で美しい服装生活を啓蒙しようとしたのだ。

▎働く女性への啓蒙

　このように桑澤洋子は、機能性と造形性を兼ね備えた服装生活という基本を浸透させるために、さまざまな工夫や手段、展開を活用した。「赤旗」日曜版での一般向けの製図をともなった基礎的な衣服デザインの連載や、当時の全国繊維産業労働組合同盟（全繊同盟）機関紙「友愛」での展開は、戦後もっとも多くの女子工員を抱えていた繊維産業という地の利を得た分野で、若い女性の服装生活を提案したものである。

「赤旗」日曜版　掲載タイトル（1966.10～1970.7）

発行日	タイトル
1966年10月16日	ジレをおそろいで
1966年11月20日	既製服のじょうずな選び方　4つのポイント
1966年12月11日	暖かくて活動的な4, 5才用のつりズボン
1967年 1月22日	かるくてあたたかい　キルティングのホームウェア
1967年 3月 5日	かわいらしい通学着　お父さんの古い背広つかって
1967年 3月12日	明るいスーツに　じょうずな組み合わせ
1967年 4月19日	そろそろ中年…髪と服のくふう　外出着のデザインと着こなし
1967年 5月21日	動きの楽なスカート
1967年 6月18日	せんたくのきく　四・五歳用女児の外出着
1968年 5月26日	お母さんの手でブラウスを　五・六歳用　男女おなじ型紙で
1969年11月 9日	冬のラウンジウェアの選び方
1969年 5月25日	夏の通勤着二つ　プリントのワンピース　無地のワンピース
1969年 9月14日	初秋の通勤着　ロング・ブラウス　組合せで変化を楽しむ
1970年 2月15日	1年生のための通学用ジャンパースカートと半ズボン
1970年 7月 5日	ママとペアルックのホームウェア

新しい時代感覚とは

　流行という中には、手のこんだ手芸的なものが喜こばれたり、非常に変った形とかクラシックなものが喜こばれる面もありますが、それは本筋ではなく、プレーンでありながら、着るものなら着やすく、質がよく、仕立が良いといったものが「よいもの」なのです。決してゴージャス（豪華）な飾りたてたものではありません。むしろ非常にシンプル（単純）なすっきりしたものだと思います。

　「人間が着る」ということを考えると、着るものが必要以上に複雑であれば、「着る人」の影がうすれてしまいます。その人を引き立たせるためには、その人にマッチした色であり、形であり、質でなければなりません。きものだけが目立って美しい場合、決してその人を美しく見せない

のです。

　最近の傾向として、既製服がはやってきたということは、できるだけ多くのものをつくって、多くの人に着てもらうという世界の動きによるものです。

　半面、手のこんだオーダー的な一点製作が、パリのモードからいっても、ごく少数の人のために生産的に延びようとする時代でもありますが、大量生産により、消費者に安く着せていく方向こそ、時代に即したものといえるでしょう。

　最後に、よいデザインというものは、単に目新しいものではなく、着たり、使ったりしてみて、その人の生活に役立つものでなければならないのです。現実の生活の範囲だけでなく、そのドレスや器具を着たり使ったりした結果が、その人の生活状態を一歩進めてくれることにならなければ、新しいよいデザインとはいえないのです。

（十代の服装計画「友愛」より）

八面六臂の活躍

　次の表は、母校である女子美術大学へ提出された1963（昭和38）年12月現在の"桑沢洋子"研究業績調査書で、女子美での授業担当のための書類として大学保管資料となったものだ。桑沢デザイン研究所設立後約10年目で10周年イベントの東京造形大学設立準備に着手したころでもあり、一番忙しかった時期と思われる。出版、講演、授業、放送、国を挙げての一大プロジェクトだった東京オリンピックや国鉄（現JR）のユニフォーム、東洋紡績株式会社（以下東洋紡）とのコラボレーションなど八面六

女子美向研究業績調査書

年月	題目	企業・団体名	備考
1963年 1月	くらしのうちそと	週刊朝日	1月より12月まで日本の生活ときものをテーマにした掲載
1963年 5月	着る	光進	農漁村の雨衣業者を対象とした季刊誌
1963年 9月	洋裁のポイント	家の光出版局	単行本
1963年 9月	これからのワーキングウェア	繊研新聞社出版局	KIC
1963年 6月	リビングウェアコンテスト審査	婦人生活社主催	
1963年 6月	洋裁コンクール審査	講談社主催	
1963年 10月	洋裁技術コンクール審査	日本洋装学会	
1963年 2月	農村における裁縫・編物作品コンクール審査	4Hクラブ	
1963年 7月	時代感覚と衣服 洋裁教育はどうあるべきか	名古屋地区洋裁指導者講座	
1963年 7月	海外モードと日本の服飾デザイン	夏季講座	実践女子大学
1963年 7月	生活とデザイン	夏季講座	実践女子大学
1963年 7月	婦人衣料の勁さと問題点	繊維デザイン講習会	繊維意匠センター主催
1963年 7月	繊維用語審議会委員	繊維学会	現在進行中
1963年 1月	BGの衣設計	NHKテレビ	青年学級
1963年 5月	高校生の衣生活	NHK教育テレビ	高校向
1963年 1月	はたらき着	NHK放送	女性教室テキスト付
1963年 10月	オリンピックユニフォームショウ	ジャパンスポーツウェアクラブ主催	デザイン企画参加 杉野・文化・桑沢参加
1963年 10月	新幹線ユニフォーム	日本国有鉄道	デザイン試作
1963〜64年	東洋紡 農村作業衣 キャリアウェア	東洋紡	デザインディレクター

臂の活躍中だったことがわかる。

　実際のデザイン現場での仕事と並行して行われた、さまざまな分野での啓蒙・教育活動の眼目は、究極のところ作る側からのデザイン展開ではなく、生活者としての視点で判断し、提案を行うことにあった。ユーザーも、その提案に桑澤洋子の名声や流行ゆえに飛びつくのではなく、個々に一定の価値基準に基づき採否を判断する。その価値基

準を育むことこそが啓蒙活動であり、文化的尺度としてのデザインを理解してもらうことにつながると考えたのである。

女性労働者への働き着提案

　働き着改良運動の中核となった材料が、「ビニロン」だった。このビニロンという堅牢性に富んだ化学繊維を働き着に展開することを突破口として、働き着から新しい日本の衣服の理想像を生み出そうとしたのだ。つまり桑澤洋子は、農村で家庭内労働に縛り付けられている主婦や、高度経済成長期を迎えて増加しつつあった都市の若い女性労働者たちの働き着の改善をきっかけとして、服装生活全体の向上を目論んだのである。前掲の研究業績調査書は、デザイナーである桑澤洋子とユーザーである一般の女性たち、両者の目的が一致した中でデザイン活動を展開していた1963年、まさに高度成長ただ中の1年間の活動記録である。

　朝日仕事着コンクール、朝日オートクチュールショー、伊勢丹ショー、クラレショー、吉忠ショー、七彩マネキンショー、TFKショー、NDCショー。これらは桑澤洋子が審査員あるいはデザイナーとして作品を出品していた当時の展示会の一部だ。さらに、大丸の桑沢オリジナルズでの春・秋のショーあるいは伊勢丹ビジネスユニフォームショーといったものもあり、こうしたショーへの出品だけでも大変な仕事量だった。桑沢学園には、これらのショーのための資料も保存されている。

　ショーの性格にもよるが、ショーへの出品作品も働き着

= ユニフォームを中心としたものが多く、機能別に展開を広げている。

外出着・家庭着への提案

さらに「アサヒグラフ」では、ショーという限定された期間・会場に拘泥せずに、〈ファッションアングル〉というタイトルで季節や用途などTPO別のコーディネートを紹介した。そこでは単なるファッションという領域を越え、

ファッションアングル(一部)「アサヒグラフ」
1966(昭和41)年7月22日号

第 1 章　啓蒙からはじまった

ファッションアングル　テーマ

発行日	テーマ
1966年 4月 8日	ニットウエアのすべて
1966年 4月15日	親子のファッション
1966年 4月22日	エレガントな動くドレス
1966年 4月29日	家庭着はたのしく豊富に
1966年 5月 6日	雨に光る
1966年 5月13日	もめんのストライプ
1966年 5月20日	農家のワーキング・ウエア
1966年 5月27日	タウン・ウエア　ミスからミセスまで
1966年 6月 3日	海のセパレーツ・ルック
1966年 6月10日	グループの遊び着
1966年 6月17日	オフィスで着る
1966年 6月24日	手編みのサマーセーター
1966年 7月 1日	夏休みのレジャーウエア
1966年 7月 8日	パネルプリント
1966年 7月15日	ジュニアのドレス
1966年 7月22日	サラリーマンの日曜日
1966年 7月29日	ゆかた
1966年 8月 5日	ジャワ更紗
1966年 8月12日	男のワンピース
1966年 8月19日	中年のワードローブ
1966年 8月26日	初秋のスモック
1966年 9月 2日	セパレーツのレーンコート
1966年 9月 9日	男のナイト・ウエア
1966年 9月16日	はおるニッティング
1966年 9月23日	ウエディング・ドレスを借りる
1966年 9月30日	セーター・ルック
1966年10月 7日	秋のコート　若い人のために
1966年10月14日	ホーム・ウエア　若い二人のために
1966年10月21日	レザーファッション
1966年10月28日	個性的なアンサンブル
1966年11月 4日	オールシーズンの子供服
1966年11月11日	ジバンシー　バレンシャガ
1966年11月18日	スクールコート
1966年11月25日	チェックのスーツ
1966年12月 2日	ビジネスマンのヤングスーツ
1966年12月 9日	パンタロン・スーツ
1966年12月16日	あたたかく
1966年12月23日	スケートウエア
1966年12月30日	シアター・ドレス

上下とも：ファッションアングル 「アサヒグラフ」 用未掲載写真

生活全般にわたる啓蒙としてのデザインが具現・提案されている。

　例えば、〔夏休みのレジャーウエア〕というテーマでは釣りやハイキングが、〔サラリーマンの日曜日〕では日曜大工が、〔シアター・ドレス〕では演劇鑑賞が掲載各号のテーマになっていた。桑沢学園には本誌では掲載使用されなかた写真のプリントが残されている。

　同様の例としては「週刊朝日」の〈くらしのうちそと〉と〈世界の民藝〉がある。特に1964(昭和39)年の〈くらしのうちそと〉では、40回分ほどが桑沢デザイン研究所関係者により執筆されている。この1週完結の囲み記事は、桑澤洋子ほか、桑沢デザイン研究所の講師でもあった剣持勇、清家清などが、まさにリビングデザイン全般にわたるテーマのうち、それぞれの得意分野を担当していた。

　〈ファッションアングル〉や〈くらしのうちそと〉で採り上げたテーマは、一般の読者のみならず洋裁家やファッションメーカーにも示唆・影響をあたえており、広く社会全体を啓蒙する役目を果たした。

時事通信社経由の地方紙掲載時期

テーマ	スリーブレスの シフト・ドレス	ニーパンツと ブラウス	シフト・ドレス風の ジャンパースカート	郊外着の ジャンパー
河北新報				
秋田魁新報	1964年6月30日			1965年5月13日
山形新聞			1965年3月30日	
いばらき新聞	1964年6月23日	1964年8月19日		
栃木新聞				
埼玉新聞				
東京タイムズ	1964年6月26日			1965年5月7日
山梨日日新聞	1964年6月27日			
山梨新聞		1964年8月20日		
山梨時事通信				
信濃毎日新聞			1965年3月23日	1965年5月18日
名古屋タイムズ	1964年6月23日	1964年8月8日	1965年3月17日	
北国新聞	1964年6月23日			
福井新聞				1965年5月4日
京都新聞		1964年8月11日	1965年3月22日	
神戸新聞				
四国新聞		1964年8月13日	1965年3月19日	
徳島新聞			1965年3月15日	1965年5月9日
防長新聞				1965年5月5日
西日本新聞	1964年6月26日			
熊本日日新聞				
宮崎新聞				
宮崎日日新聞				
鹿児島新聞				
掲載紙数	7	5	6	6
各紙掲載期間	1964年6月23日 〜 1964年6月30日	1964年8月8日 〜 1964年8月20日	1965年3月15日 〜 1965年3月30日	1965年5月4日 〜 1965年5月18日

第 1 章　啓蒙からはじまった

夏の遊び着	タオルの湯上り着	デニムのジャンパー	リバーシブルのロング・コート	キルティングのジャンパースカート	リバーシブルのショート・コート
				1966年1月20日	
					1966年2月21日
		1965年9月28日			
	1965年7月13日	1965年9月21日	1965年11月14日	1966年1月15日	1966年2月19日
1965年7月9日					
1965年7月7日			1965年11月14日	1966年1月14日	
1965年7月13日					
	1965年7月20日				
				1966年1月14日	
		1965年9月28日			
	1965年7月14日				
1965年7月8日					
1965年7月7日					
				1966年1月14日	
1965年7月9日		1965年9月29日	1965年11月19日		
1965年7月16日			1965年11月16日	1966年1月16日	
1965年7月9日					
				1966年1月17日	
1965年7月6日					
			1965年12月15日	1966年1月13日	
1965年7月11日					
10	3	4	5	8	2
1965年7月7日～1965年7月16日	1965年7月13日～1965年7月20日	1965年9月21日～1965年9月29日	1965年11月14日～1965年12月15日	1966年1月13日～1966年1月20日	1966年2月19日～1966年2月21日

049

第2章
実践の果実

■「実践活動」関連略年譜

- 1910（明治43）年 ─────────────────────── 0歳
  11月7日、東京市神田區東紺屋町に生まれる
- 1941（昭和16）年 ─────────────────────── 31歳
  イトウ洋裁研究所で製図を学ぶ
- 1942（昭和17）年 ─────────────────────── 32歳
  銀座に桑沢服装工房を開設
- 1943（昭和18）年 ─────────────────────── 33歳
  デザイナーとして「婦人畫報」に作品発表
- 1945（昭和20）年 ─────────────────────── 35歳
  桑沢服装工房が空襲で焼ける
- 1948（昭和23）年 ─────────────────────── 38歳
  NDC創立に参加（評議員～昭和37、特別会員37～52）
- 1949（昭和24）年 ─────────────────────── 39歳
  NDCショー出品（～昭和51）毎年2回春夏・秋冬／「働く人のきものショー」YMCA
  国鉄女子制服（国鉄労働組合婦人部よりの依頼）のデザインを担当
- 1950（昭和25）年 ─────────────────────── 40歳
  K・D技術研究会設立
- 1952（昭和27）年 ─────────────────────── 42歳
  二紀会造形部出品（昭和27年前後に数回）
  株式会社七彩工芸主催「七彩マネキン展示会」出品（～昭和37）
- 1953（昭和28）年 ─────────────────────── 43歳
  朝日新聞社婦人朝日主催「全国仕事着コンクール」公募の審査員（～昭和30）
  女子美術大学付属中学・高等学校制服をデザイン
- 1954（昭和29）年 ─────────────────────── 44歳
  東京大丸「桑沢イージー・ウェア・コーナー」、「桑沢オリジナルズ」設置（～昭和43）
  倉敷レイヨン（株）の合成繊維ビニロン開発のため柳悦孝とともにデザイン（～昭和47）
  「友禅ショー」出品（アメリカ・シカゴ開催）
  研究所主催「桑沢洋子作品発表会」（昭和33／35／36）
- 1955（昭和30）年 ─────────────────────── 45歳
  有限会社桑沢デザイン工房開設（～昭和47）
  柚木沙弥郎（染色工芸家）のテキスタイルによる作品発表
  丸正自動車製造（株）オートバイ工場従業員のユニフォームを担当
- 1956（昭和31）年 ─────────────────────── 46歳
  作業衣発表会（小原会館）
  「国際コットンファッションパレード」出品（イタリア・ベニス開催）
  倉敷レイヨン（株）主催「倉敷ビニロン展」で、テキスタイルデザイナー柳悦孝（織物）、繊維メーカーと組んでの実験的な作品発表
  東京芝浦電気（株）女子従業員ユニフォームのデザインを担当
- 1957（昭和32）年 ─────────────────────── 47歳

第2章　実践の果実

『装苑臨時増刊　桑沢洋子デザイン集　ふだん着のスタイルブック』文化出版局
- 1958（昭和33）年 ——————————————————————— 48歳
  森永製菓、不二家、明治製菓薬局の販売員用ユニフォームをデザイン（〜昭和38）
- 1959（昭和34）年 ——————————————————————— 49歳
  後楽園スタジアム従業員ユニフォームをデザイン（〜昭和37）
  キリンビール、サッポロビール、日本麦酒の配送員ユニフォームをデザイン（〜昭和38）
- 1961（昭和36）年 ——————————————————————— 51歳
  鉄道弘済会販売員ユニフォームをデザイン（10年以上着用）
  専売公社女子行員ユニフォームをデザイン／松下電器（株）男女従業員ユニフォームをデザイン
  共和電業（株）男女従業員ユニフォームをデザイン（昭和36、44年）
  本田技研（株）デモンストレータのユニフォームをデザイン（〜昭和38）
  神奈川県立湯川中学校女子制服をデザイン（36年頃）
- 1963（昭和38）年 ——————————————————————— 53歳
  鈴木自動車（株）作業衣のデザインを担当／（株）ソニー男女従業員ユニフォームをデザイン
  日本国有鉄道「新幹線」従業員用ユニフォームデザインに参加
  ニュートーキョー、法華クラブなどサービス業従業員ユニフォームをデザイン（〜昭和40年代）
  「東洋紡デザインセンター」設置とともに顧問デザイナーに就任
- 1964（昭和39）年 ——————————————————————— 54歳
  オリンピック東京大会要員のためのユニフォームデザインに参加
  伊勢丹百貨店ビジネスウエア（ユニフォーム）部門の顧問デザイナー（〜昭和51）
- 1965（昭和40）年 ——————————————————————— 55歳
  築陽学園高校男女制服のデザインを担当
  東急百貨店ワーキングウエア部門ユニフォームのデザイン企画（〜昭和47）
- 1967（昭和42）年 ——————————————————————— 57歳
  日本石油（株）全国ガソリンスタンド従業員用ユニフォームをデザイン（〜昭和52）
- 1968（昭和43）年 ——————————————————————— 58歳
  日本オリベッティ（株）男子作業衣、女子デモンストレータのユニフォームをデザイン（〜昭和44）
- 1969（昭和44）年 ——————————————————————— 59歳
  帝国ホテル従業員ユニフォームの一部のデザインを担当
  柳悦孝とともに日本万国博覧会日本民藝館ホステスユニフォームをデザイン（〜昭和45）
- 1970（昭和45）年 ——————————————————————— 60歳
  マルマン（株）男女作業衣のデザインを担当
- 1972（昭和47）年 ——————————————————————— 62歳
  小脳性変性症に倒れる。桑沢デザイン工房解散
- 1977（昭和52）年 ——————————————————————— 66歳
  4月12日死去
  『桑沢洋子の服飾デザイン』婦人画報社　5月20日刊行

＊常見美紀子　『桑沢文庫5 桑沢洋子とモダン・デザイン運動』「桑沢洋子年譜」をもとに作成。

既製服作りを目指した桑沢服装工房

　1942（昭和17）年、東京社を退社した桑澤洋子は、銀座に、働く婦人のためのスポーティーなきもの店「桑沢服装工房」を開いた。東京社在職中に半年かけて洋裁学校に通っていたから、すでに製図などの技術も一通り身に付けていた。目指したのは、既製服の製作・販売である。「特にシャツなどは、少なくとも数ダース作って、単価が安くなるようにしたかった」（職業婦人のための洋装店『ふだん着のデザイナー』桑沢洋子〔前掲書〕より）

　しかし、時代はそのような桑澤の理想を許さなかった。そもそも、戦争の激化に伴って材料となる木綿やウールの供給が止まり、新たに商品を作ることができなくなったのである。結局服装工房は、細々と顧客が持ち込む古着を廃品更生するしかなかった。

　一方この工房は、古巣「婦人畫報」からの依頼で、桑澤の記事と一緒に誌面に掲載するための衣服の制作も行った。桑澤洋子が、デザイナーとして初めて発表したのは、同誌1943（昭和18）年9月号〈更生品で整へた若い人の基本服装〉のために作られた日常着である。

　だが、桑沢服装工房は1945（昭和20）年3月10日の東京大空襲で焼失。「働く婦人のためのきもの」「既製服」「日常着」などのキーワードは、そのまま桑澤の問題意識として戦後に持ち越され、時代が少しずつ彼女の思想に追い付いてくるにつれ、一つひとつ、実現されていくことになる。

仕事着・野良着の改良運動

　戦後の桑澤洋子の服飾デザイン活動は、仕事着や野良着の改良運動からスタートした。前述の全国仕事着デザインコンクールでも、審査員として出席するかたわら、自身がデザインした仕事着や野良着を出品した。また、婦人民主クラブの機関紙「婦人民主新聞」などの洋裁欄のために、働く婦人のための実用的で機能的な衣服をデザインし、製図とともに紹介している。

　「きもののデザインをやる人は、よく、デザインのためのデザインをもてあそびがちですが、私はやっぱり生活のなかに根をおろした生きたきもののデザインというものを考えたいのです」（前掲『竹水七五周年記念号』より）。こう考えた桑澤が、オートクチュールではなく既製服を目指したのは当然である。

　しかし、昭和20年代はまだ既製品といえば安かろう悪かろうの製品がほとんどで、主婦が家庭で衣服を手作りするのが一般的だった。そのため桑澤は、「婦人画報」など雑誌や新聞の誌紙面で、日常着のデザインとその作り方を発表する一方、戦前から既製服化が進んでいた制服、つまりユニフォームに力を入れていく。

ファッション・プロデューサーとしての桑澤洋子

　高度成長期の桑澤洋子は、単なる服飾デザイナーとしてではなく、川上から川下まで、つまりテキスタイルから販売までにデザイナーとして関与した、当時としては珍しい

存在だった。ファッションメーカーに対し原反を供給する川上の企業から、消費者に直接販売する川下企業にまで、さまざまな企業から顧問として迎えられている。主な販売チャネルとしていたデパート業界に対しても、一般的な店頭での個別販売ではなく、倉敷レイヨンや東洋紡からビニロンやポリエステルの素材提供を受け、外商を通じて企業向け販売商品の企画・開発・製造に関わり、相当量の製品を納入するというように、従来の慣行とは異なる製品作りを展開していた。

当時ファッションリーダーとして君臨していたデパート業界に関わるデザイナーとして、素材開発と素材の持つ特徴を引き出すデザイン、さらに縫製加工技術の確立という点までを主導したことの意味は大きい。

それらの企業を、現存資料「デザイン画」(925件) から抽出紹介すると、東急系が圧倒的に多く、現本店のテナント企業のユニフォームのほか、外商を経由した74以上の企業・官公庁からのオファーが確認されている。

このデータには日石等サービススタンド要員のユニフォームや東洋紡のワーキングウエアブランドである「D・Cシリーズ」等は含まれていないが、それでもこれだけの企業からのオーダーが1960年代ほぼ10年間のあいだで記録保存されている。残念ながら契約書や作業経過を記した資料は一部しか残っていないものの、デザイン企画だけであっても相当の作業量になっていたはずで、学校運営との両立に桑澤自身はもちろん、担当者も忙殺されていたに違いない。

リストを見ればわかるように、従業員のユニフォームか

第2章　実践の果実

主なデザイン画保存企業・官公署

オリンピア クリニック	東横　白木屋　企画	東京御苑
キリンビール	店員用　大向開店	東京相互銀行
コカコーラ	テラス　大向開店	日本オリベッティ
タッパーウェアー	蔦の家　大向開店	日本瓦斯
ニットー	グルッフ　大向開店	日本交通
日本教育テレビ	東横　北京亭　大向開店	日本石油
パイオニア	マダム　チャン　大向開店	日立化成
マックス ファクター	コートダジュール　大向開店	日立建設
ヤマハ	フード・マード　大向開店	農業信用金庫
レインボー　フローリスト	ホーム・マード　大向開店	富士ゼロックス
伊勢丹	軽い心　大向開店	豊商事
樺島病院	Feminine　大向開店	本田技研
国際自動車	日の出寿司　大向開店	磔々産業
国民総合銀行	ギタークラブ　大向開店	東京工業大学　篠原研究室
埼玉銀行	東急運輸	東京大学コーラス部
三谷鋼業	東急観光バスガイド	昭和女子大学コーラス部
三菱鉛筆	東急機械計算	女子美術大学
三洋電機	東急車輛	早稲田大学　女子
山発産業	東急不動産	雙葉学園　中・高校生制服
出光興産	東急バス	中学生向標準服
小川食品	神奈川スケートセンター	女子学生オーバーコート
城南信用金庫	スリーハンドレットクラブ	都立高等学校向制服
森永製菓	箱根ターンパイク	攻玉社高等学校
千野時計店	葉山ゴルフカントリー	東京オリンピック ユニフォーム
池田建設	富士箱根ランド	

ら展示会の衣装や制服まで、さまざまな分野での提案や具体化が行われている。東急系が多いのは東横百貨店・白木屋（いずれも現東急百貨店）へのユニフォームコーナー設置によるもので、資料は、それらを中心に保存されたものと思われる。

057

▎「働き着」へのこだわり

　デザイン画のほとんどは「ワーキングウエア」であり、当時の言葉では「働き着」である。デザイン展開の根底には、冒頭で紹介した桑沢デザイン研究所設立を知らせる書簡の中でいう、「一般家庭の服装、農村、漁村その他の職場の仕事着という、もっとも私たちの生活の中心である服装が、なおざりになって」いるという認識がある。だからこそ桑澤洋子はその晩年まで、ワーキングウエアのデザインに力を注いだ。

　ちなみに、現在一般化しているワーキングウエアという呼称も1961（昭和36）年3月の（株）繊研新聞社主催「作業衣、実用着の新呼称募集」イベントの中から生まれたものであり、このイベントには桑澤洋子も審査員として参加していた。桑沢学園にはイベントの際の審査資料が保存されており、その資料によるとこの募集には938通の応募があり、呼称は319種類におよんだことが読み取れる。その中の多数応募呼称が以下であり、桑澤手書きの「審査結果原稿」も残されている。

- ■ライフウエア　………　70通
- ■ワーキングウエア　…　54通
- ■ビジネスウエア　……　39通
- ■ワークウエア　………　31通
- ■リビングウエア　……　27通
- ■イージーウエア　……　 9通

三百余りの応募名称の中には、たいへん新鮮だと思われる名称がたくさんありましたが、恒久性とだれにでも端的に理解できることばでなければならない、という観点からえらんでみました。

　その意味で、私がえらんだワーキング・ウェアとビジネス・ウェアは、あらゆる職域での仕事着を表現するのに適確だと思います。

　なお、作業衣と実用着の新呼称という募集規定について、私が考えたところでは、作業衣は、あくまで働くときのきものであり、実用着となると、作業衣より幅広い意味をもつと考えますので、その点で、えらぶのにたいへん躊躇しました。

（桑澤洋子「審査結果原稿」より）

K・D技術研究会とKDK

　桑澤洋子は服飾デザイナーの職能団体である日本デザイナークラブ（NDC）の中核であり、このNDCを通じたファッションショーや業者との接触により、多くの作品を展開していた。実作業を担当したのはK・D技術研究会、後に有限会社桑沢デザイン工房（KDK）だった。

　K・D技術研究会は、服飾関係の職能人の教育、製作技術研究、情報誌「KDニュース」の発行を目的として1950（昭和25）年に設立された。1954（昭和29）年、桑沢デザイン研究所創設とともに教育機能は研究所が引き継ぎ、翌55（昭和30）年にKDKが設立されると製作技術研究機能をこちらに移管して、その役割は「KDニュース」の発

行だけになる。

　白木屋、桑沢オリジナルズの婦人既製服コーナー、伊勢丹に派遣されたスタッフはKDKからの出向の形式をとっており、東横・白木屋ユニフォームコーナー用のノートには1965（昭和40）年4月から1966（昭和41）年5月までの活動メモが記載されている。

　大丸東京店の桑沢イージー・ウェア・コーナーや桑沢オリジナルズにはKDKの研究生を中心としたスタッフが常駐し、既製服の販売と同時に、東横・白木屋と同様、一般企業の購買担当者からのユニフォームの受注を前提にした対応をしていたようだ。桑沢デザイン工房独自のカタログである「KDKビジネス・ウェア」がその集大成であり、百貨店経由ではない独自の窓口として多くの企業のニーズをすくい上げた。

　コーナーがアンテナショップとしての役割を果たし、大丸・東急・伊勢丹からの情報に基づき、東洋紡や倉敷レイヨンの原反を使ってデザイン提案を行い、縫製加工業者である新晃縫製あるいは美鈴産業とともに見本提案を行うという、総合的な分析のもとでプレゼンテーションを行うプロセスが確立していた。

▍桑沢オリジナルズ

　桑澤洋子が、ワーキングウエアとともに力を入れたのが、既製服だった。オーダーメードを購える富裕層は別として、主婦が自分や子どもたちの衣類を手作りすることが普通だった時代に、良質で安価な既製服を提供することで、

裁縫という家庭内労働から女性を解放することを目指したのだ。

「桑沢オリジナルズ」は、当時の大丸におけるKDKのイン・ショップ・ストアであり、そこでは外出着から家庭着まで、さまざまな既製服が提案され、販売された。もともと、実験的なアンテナショップとして構想されたコーナーが、東京店だけでなく、大阪・京都というようにいくつかの店舗に、しかも複数年にわたり展開するだけの需要を持ち得たのは、「週刊朝日」や「アサヒグラフ」、あるいは「婦人画報」におけるイメージの現実的展開がまさに大丸の「桑沢オリジナルズ」に集約されていたことを、消費者が熟知していたからだろう。

デパートが高級感を持つ空間としてファッションの最先端を走っていた当時、半歩先をいった商品展開を紹介す

大丸桑沢オリジナルズ1958年秋・1959年冬版パンフレット

るにはこの業態はうってつけの空間だったはずだ。良質な既製服で女性の家庭内労働を軽減するという意図はもちろん、粗悪品の代名詞だった「吊るし」(既製服)の概念を一掃するためにも、この戦略は大きな意味を持った。
　桑澤洋子がこのシリーズで何を目指したのか、保存されている、桑沢オリジナルズの大阪コーナーを設置した時期の原稿下書き等からうかがい知ることができる。

> 桑沢レディーメード・コーナー
> 　大丸ではこの度3階婦人既製服売場にスマートな桑沢レディー・メード・コーナーを新設いたしました
> 　桑沢洋子のデザインによる「新しい既製服」を各種豊富に取り揃え陳列販売いたしております。
> 　優れた既製服を計画生産によってコストの引き下げを計り一層皆様の身近なものとなりました。
> 　豊かな深みのある衣生活を楽しんでいただけることと存じます
> 　大丸東京店3階 婦人既製服売場

> 桑沢オリジナルズの特色
> 　オフィス・ウェア、カンツリー・ウェアなどの専門デザイナー桑沢洋子が責任をもっているレディーメイドのコーナーです。新鮮な色調、都会的な感覚、そして、着てみたら手放せないような、着やすくて生活に役立つデザインをそろえております。
> 　郊外ゆきは勿論、通勤着までカンツリー・ウェアでたのしみたいのが若い人の気持です。

初夏のおしゃれのポイントはカンツリー・ウェアです。明るくて健康な素晴しい流行です。桑沢オリジナルズの最も自信のもてるデザインです。
（原稿に〔昭和 34.5.2〕の日付あり）

　　　　　　　大阪のみなさんへ
　街を歩いても、モードをみても、いつもわたくしの考えていることは、どなたにも親しめる、着やすい、そして役にたつ、レディーメイドのふだん着を作ろう…ということでいっぱいです。
　こうしたわたくしのつね日頃考えている、よいレディーメイドを創ろうというデザイン感覚は、大丸東京店開店以来の永い年月の間、桑沢オリジナルズ・コーナーを持たせて頂いたことによりまして、成長し、自信が持てるようになってきました。
　ふだん着といいましても、職場や家庭での仕事着、というせまい範囲でなく、レクリエーションに、スポーツに、小旅行に、或いはパーティーに、というような、各々の人の豊かな趣味性を含めての、たのしいふだん着でありたいとおもいます。そして、このように巾の広いふだん着こそレディーメイドによって、スピーディにみなさんの生活に役立てていただきたいとおもいます。
　パリと日本のデザイン感覚が接近してきた今日、大阪と東京のデザイン感覚は、全く同様であり一致していると思うのですが、いまだに、大阪では、東京では、こんなところが違うのだ…といっております。
　この度、大阪大丸に、桑沢オリジナルズ・コーナーを

第 2 回 KDK 桑沢オリジナルズ 新しい生活着の発表会

　持たせていただいたわたくしは、大阪の売場だからといった今までの観念的な、大阪好みのデザインを出そうとはけっして考えておりません。元来、東京で生まれ、東京で育った、わたくしの感覚ずばりのデザインを作ることしかできないわたくしなのです。
　東京大丸での貴重な経験によって、自信をもっておすすめできる、独自なレディメイドをご紹介したい気持ちが一杯です。
　どうぞ、一着だけでも着てみていただいて、御批判下さいますようにお願いいたします。

CIまで念頭に置いた丸正自動車のユニフォーム

　桑澤洋子のワーキングウエアは、あくまでも機能を重視しながら、購買担当者と使用者双方のニーズをもとに、具体的な展開を図っていくことを基本とした。ユニフォームの場合は、それぞれの企業のポリシーを前提に、働きやすく、安価で機能面に優れているものを求めていく姿勢が如実に表れている。

　このような例として、ライラック号を世に送り出した丸正自動車製造への1955（昭和30）年のデザイン提案がある。この会社は浜松で創業し、昭和20年代から40年代にかけて、先進的なオートバイを次々と世に送り出した。KDKは、KAK（カック デザイングループ＝河潤之介、秋岡芳夫、金子至）とタイアップする形でオートバイのデザインから胸章やロゴマークまでを手掛けている。今でこそブランディングやCI（コーポレート・アイデンティティ）などという単語が至極あたりまえのように使われるが、高度成長がはじまるころ、このような概念すら知られていなかった時代にCIを実践していたのだ。

ライラックロゴマーク（奥）とライラック号クレイモデル

丸正自動車男女胸章　　　　フェンダー塗装作業をする女性作業員

男性作業員朝礼　　　　　　桑澤洋子と高松太郎

　　浜松駅からそう遠くないところにあった会社を訪問した
時の、桑澤洋子と社員たちの写真が残されている。ふだん
は洋装が多かった桑澤が、このときは小紋に羽織を着け、
和装コートといった出で立ちだ。まだ女性のスーツ姿が珍

しかった時代だったから、着物姿で従業員に安心感を与えようとしたのだろうか。

伊勢丹と東急

　伊勢丹でのKDKの事業形態は、伊勢丹を仲介役として多くの企業からユニフォームの注文を引き受け、伊勢丹傘下の業者に作成させるということが中核であったと思われる。いわば、伊勢丹におけるユニフォーム部門の外商部隊とデザイン製作部隊を兼ねた存在だった。オファーを獲得するため、いくつかのバリエーションによるモデルを作り上げ、伊勢丹ユニフォームショーを開催し、多くの企業への展開を図っている。例えば、当時フランク・ロイド・ライト設計の帝国ホテル旧館が改築される時期だったことから、伊勢丹経由での帝国ホテルのユニフォームデザインのオファーが記録され、デザイン画の提案が行われている。

　東急での最初の仕事は現在の本店（開店準備当時は大向店と呼称）設立と重なり、入店予定ショップのユニフォームを受注・作成し、あるいは東横百貨店の外商部門経由で東急グループ傘下企業のユニフォームデザインを行っている。そこでは、東急グループの業態の広さから、駐車場作業員、ゴルフクラブのキャディー、さらに有料道路作業員からレストハウスのウエイター・ウエイトレスまでのバラエティに富んだユニフォームを企画。東急関連のデザイン画のみで200点余りが残されている。

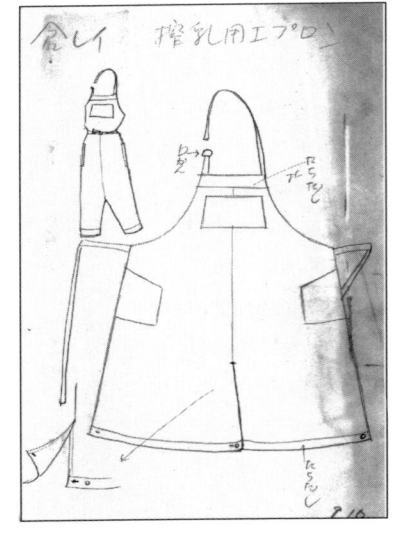

左上：デザイン画 クラレ K-1
右上：デザイン画 クラレ K-5
下：デザイン画 クラレ搾乳

クラレおよび東洋紡

　倉敷レイヨン（クラレ）や東洋紡では、それぞれが生産する繊維を使った漁労服や農作業着などが含まれ、特に東洋紡ではD・Cシリーズという形式でさまざまな分野を網羅するデザイン画170点ほどが収蔵されている。

　後のページに東洋紡で展開したD・Cシリーズデザイン画の男女別・機能別一覧を掲出したが、ここには各職場単位での夏・冬のユニフォームが網羅されている。女子の作業員あるいは事務職員用にさまざまなバリエーションを用意し、ユーザーである企業、さらに当事者である従業員へのアプローチを図ったものと思われる。

　このような幅の広い展開のために行われたのが、「工場の一日」という作業分析だ。

作業服の分析と東洋紡D・Cシリーズ

　「工場の一日」は、社長が工場見学に行った時を想定し、遭遇した従業員を時間軸で整理したものだ。これを見ると、当時の東洋紡では、それぞれの部署が個別に作業衣を発注していたらしく、デザインや縫製メーカーがバラバラだっただけでなく、原反すら統一されず、競合メーカーの原反を使用したものさえある。この現実を調査の中で把握し、デザイン分析の手法を駆使し、さらに職能別のワーキングウエア提案にまで高めた結果、100案以上のデザイン画に基づく作業衣が提案され、D・Cシリーズとして商品化されたのである。

東洋紡績「工場の一日」

景	時間	内容	No.	型	性別	職種	備考	メーカー	生地
1	8:00	屋内作業開始	1	作業ジャンパー上下	男	軽作業	O.W.W	東洋紡	
			2	作業ジャンパー上下	女	軽作業		東洋紡	
			3	作業ジャンパー上下	男	重作業			
			4	作業ジャンパー上下	男	食品作業		東洋紡・倉レ	
			5	作業ジャンパー上下	女	食品作業		東洋紡・倉レ	
			6	防塵服 上下	男	精密作業		帝人	テトロン
			7	防塵服 上下	女	精密作業		帝人	
2	9:00	屋外作業開始	8	作業ジャンパー上下	男	建設作業		帝人	ギャバ
			9	防寒コート	男	建設作業	K.D.K	東洋紡	
			10	防水コート	男	建設作業		倉レ	ラッカークロス
			11	合コート	男	建設作業	O.W.W	帝人	
3	10:00	工場見学	12	上下	男	案内係			
			13	上下	女	案内係			
4	11:00	会議	14	事務服	男	一般事務	O.W.W		
			15		女	一般事務	O.W.W		
			16		男	工場事務			
			17		女	工場事務			
			18		男	セールス	K.D.K	東洋紡	デニムジャージーグレイ
			19		女	セールス	K.D.K	東洋紡	デニムジャージー紺
5	12:00	食事	20		男	カウンターマン		東洋紡	
			21		女	ウェイトレス		東洋紡	
6	13:00	梱包作業・整備作業	22		女	包装中作業	K.D.K 既	帝人	デニム
			23		女	包装小作業	K.D.K 既	倉レ	アノラック
			24		男	梱包中作業	K.D.K 既		
			25		女	梱包大作業	K.D.K 既		
			26	胸当作業衣	男	機械整備	シャツを楽しく	倉レ	
			27	胸当作業衣	女	機械整備			
			28	オーバーオール	男	自動車整備		東洋紡	ストレッチ
			29	オーバーオール	女	自動車整備		東洋紡	ストレッチ
			30	シャツ 上下	男	清掃作業	O.W.W	倉レ	ポプリン
			31	シャツ 上下	女	清掃作業	O.W.W	倉レ	ポプリン

第 2 章　実践の果実

7	14:00	医務室	32		男	メディカルコンサルタント		倉レ	白ダイヤグナル
			33		女	看護師		倉レ	白ダイヤグナル
8	15:00	研究室	34	＋前掛	男	実験用			耐薬品性　ビニロン 10%
			35	＋前掛	女	実験用			耐薬品性　ビニロン 10%
			36		男	設計用	K.D.K 既		
			37		女	設計用	K.D.K 既		
9	16:00	社長退社	38		男	守衛			
			39		男	運転士			ストレッチ
			40		女	受付			
			41		女	エレベータ			
10			42		男	宣伝販売員			
			43		女	宣伝販売員			
			44		男	メッセンジャー			ストレッチ
			45		男	ショールーム			
			46		女	ショールーム			
			47		男	見本市			ジャージーまたはストレッチ
			48		女	見本市			ジャージーまたはストレッチ
			49		女	見本市			ジャージーまたはストレッチ
			50		女	見本市			ジャージーまたはストレッチ

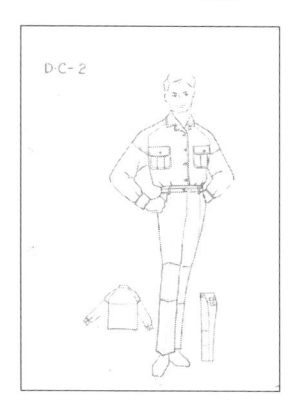

デザイン画 D・C-2

デザイン画 D・C-115

D・Cシリーズ男・女、機能・形態別一覧

登録番号	注記1	巻次
05805	エプロン　V型シャーリングフリル	085
05803	エプロン　ウェストシャーリング	083
05804	エプロン　ウェストシャーリング　碁盤格子生地	084
05806	エプロン　シャーリングフリル	086
05801	エプロン　ダブルフリル付	081
05808	エプロン　チロリアンテープ	088
05807	エプロン　ピンタック	087
05802	エプロン　フリル付	082
05832	女子エプロン　ダブルボタンブラウス付	112
05734	女子エプロン　紐結ベルト	014
05829	女子エプロン　紐結ベルト付	109
05831	女子オーバーオール　ハイカラー　ベルト付	111
05797	女子オーバーオール　ベルト付袖無フロントファスナー	076
05731	女子オーバーオール　紐結ベルト	011-1
05730	女子オーバーオール7分丈　紐結ベルト	011
05786	女子コート	065
05787	女子コート　ダブル　トレンチ　ベルト付	066
05842	女子コート　フロントファスナー	122
05849	女子コート　フロントファスナー　B；カジュアル　D・C-122（05842）	122
05843	女子コート　ベルト付ダブル	123
06705	女子コート　ベルト付ダブル　C；トラベル　D・C-123（05843）	123
05838	女子ジャンパー　セミラグラン　ファスナー式	118
05800	女子ジャンパー　ハイカラー半袖　ベルト付スラックス	080
05782	女子ジャンパー　フロントファスナー	061
05769	女子ジャンパー　斜ポケット	049
05834	女子ジャンパー　片胸アウトポケット	114
05835	女子ジャンパー　片胸アウトポケット　半袖	115
05836	女子ジャンパー　両胸アウトポケット　ハイカラー半袖	116
05821	女子ジャンパー　両胸アウトポケット　フロントボタンカバー付	101
05833	女子ジャンパー　両胸アウトポケット　紐結	113
05846	女子ジャンパー　尾錠付半袖 ユニフォームB	126
05844	女子スーツ　タウンA	124
05823	女子スカート　ベルト付	103
05772	女子スラックス	052
05743	女子スラックス　ベルト付	023

登録番号	注記1	巻次
05785	男子オーバーオール　ハイカラー　ベルト付	064
05764	男子オーバーオール　フロントファスナー	044
05759	男子ジャンパー　セミラグラン	039
05837	男子ジャンパー　セミラグラン　ファスナー式	117
05799	男子ジャンパー　ハイカラー半袖　ベルト付スラックス	079
05815	男子ジャンパー　ハイカラー	095
05760	男子ジャンパー　ボタン留タグ付片胸斜ポケット	040
05822	男子ジャンパー　片胸アウトポケット　フロントボタンカバー付	102
05783	男子ジャンパー　両胸アウトポケット　ボタンカバー付	062
05841	男子ジャンパー　両胸アウトポケット　ボタンカバー付	121
05847	男子ジャンパー　尾錠付半袖　ユニフォームＢ	127
05763	男子スラックス　ベルト付	043

登録番号	注記1	巻次
05729	女子スラックス　後ゴム付	010
05747	女子チュニック　Ｖカラー	027
05776	女子チュニック　サイドボタン　5分袖　紐結ベルト付	055
05754	女子チュニック　サイドボタン　Ｖカラー	034
05826	女子チュニック　ダブルボタン	106
05753	女子チュニック　ダブルボタン　ボタン留ベルト付	033
05775	女子チュニック　ノースリーブ　フロントファスナー紐結ベルト付	054
05777	女子チュニック　フロントファスナー5分袖　紐結ベルト付	056
05773	女子チュニック　フロントボタン　ノースリーブ紐結ベルト付	053
05774	女子チュニック　フロントボタン　紐結ベルト付	053-1
05793	女子ハーフコート　ヤッケ風	072
05798	女子ブラウス　ダブルハイカラー	077
05744	女子ベスト　袖無紐結ベルト付　スラックス	024
05848	女子ヤッケ　スポーツウェアＡ	128
05827	女子ワンピース　ダブルボタン	107
05812	女子ワンピース　ダブルボタン　ベルト付	092
05784	女子ワンピース　ダブルボタン　ベルト付	063
05745	女子ワンピース　ハイカラー	025
05748	女子ワンピース　ボタン留タグ付	028
05752	女子ワンピース　襟無　前ボタン　ボタン留タグ付	032
05749	女子ワンピース　前ボタン	029
05750	女子ワンピース　前ボタン　襟無	030
05751	女子ワンピース　前ボタンテーラーカラー	031
05845	女子ワンピース　半袖　タウンＢ	125
05818	女子作業服　紐結ベルト付	098
05778	女子事務服　ブラウス　ボタン留タグ付　両胸アウトポケットボタン有	057
05768	女子事務服　ブラウス　斜アウトポケット半袖	048
05738	女子事務服　ブラウス　飾りアウトポケット3付半袖ミドルカラー　ギャザースカート	018
05740	女子事務服　ブラウス　蝶ネクタイ半袖　ギャザースカート	020
05771	女子事務服　ブラウス　片胸アウトポケット半袖　ベルト付スカート	051
05736	女子事務服　ブラウス　片胸アウトポケット半袖ミドルカラー　ギャザースカート	016
05737	女子事務服　ブラウス　片胸アウトポケット両袖ポケット付半袖　ギャザースカート	017
05746	女子事務服　ブラウス　両胸アウトポケット	026
05739	女子事務服　ブラウス　両胸アウトポケット　ネクタイ柄半袖　ギャザースカート	019
05770	女子事務服　ブラウス　両胸アウトポケット半袖	050

第2章　実践の果実

登録番号	注記1	巻次
05814	男子ハーフコート　片胸斜アウトポケット	094
05839	男子ハーフコート　ハイカラー　ファスナー式	119
05757	男子ハーフコート　ベルト付	037
05792	男子ハーフコート　ヤッケ風	071
05840	男子ベスト襟無　ファスナー式	120
05762	男子作業衣　半袖両胸アウトポケットボタン付　ベルト付スラックス	042
05761	男子作業衣　両胸斜ポケット　ベルト付スラックス	041
05819	男子事務服　ブレザー風　片胸斜ポケット	099

登録番号	注記1	巻次
05767	女子事務服　ブラウス　両胸アウトポケット半袖	047
05735	女子事務服　ブラウス　両胸アウトポケット半袖ボタンダウン　ギャザースカート	015
05828	女子事務服　ポケット無	108
05766	女子事務服　襟無　アウトポケット	046
05765	女子事務服　斜ポケット	045
05820	女子事務服　片胸斜ポケット	100
05794	女子上着　ブラウス風	073
05789	女子上着　フロントファスナー　ハイカラー　ニッカーボッカー風	068
05732	女子上着　ボタン留タグ付　片胸アウトポケットボタン有　スラックス	012
05742	女子上着　ボタン留タグ付　片胸アウトポケットボタン有　スラックス	022
05733	女子上着　ボタン留タグ付　両胸アウトポケットボタン有　スラックス	013
05791	女子上着　ヨットパーカー風	070
05741	女子上着　襟無ボタン留タグ付　スラックス	021
05725	女子上着　片胸アウトポケット　バックルベルトスラックス	007-1
05724	女子上着　片胸アウトポケット　紐結ベルトスラックス	007
05726	女子上着　片胸アウトポケット　紐結ベルトスラックス	008
05727	女子上着　両胸斜アウトポケット　バックルベルトスラックス	009
05728	女子上着　両胸斜アウトポケットボタン有　バックルベルトスラックス	009-1
05817	女子白衣　チュニック　ハイカラー　紐結ベルト付　ウェイトレス用	097
05830	女子看護師用　チュニック　ハイカラー	110
05796	女子看護師用　ノースリーブ　前ボタン襟無	075
05795	女子看護師用　ハイカラー　フロントボタン	074
05825	女子看護師用　フロントボタンカバー　ボタン留タグ付	105
05810	女子上着　片胸アウトポケット　記者用	090

登録番号	注記1	巻次
05781	男子上着　ブレザー風襟無片胸ポケット	060
05779	男子上着　ブレザー風片胸斜ポケット	058
05755	男子上着　ブレザー風片胸斜ポケット	035
05788	男子上着　フロントファスナー　ハイカラー　ニッカーボッカー風	067
05780	男子上着　ベスト風襟無片胸ポケット　ボタン留タグ付	059
05756	男子上着　ボタン留タグ付　ブレザー風両胸斜アウトポケット	036
05721	男子上着　ボタン留タグ付　片胸アウトポケット　スラックス	004
05723	男子上着　ボタン留タグ付胸ポケット無ボタンダウン　スラックス	006
05790	男子上着　ヨットパーカー風	069
05719	男子上着　ラグラン両胸アウトポケット　スラックス	002
05720	男子上着　ラグラン両胸アウトポケット　スラックス	003
05813	男子上着　襟無　フロントファスナー	093
05758	男子上着　片胸アウトポケット	038
05824	男子上着　両胸アウトポケット　ハイカラー	104
05722	男子上着　両胸斜アウトポケット　ベルト付スラックス	005
05816	男子白衣　ハイカラー　紐結ベルト付　コック用	096
05811	男子上着　両胸アウトポケット　ベルト付スラックス　警備員風	091
05809	男子上着　片胸斜アウトポケット　記者用	089

前掲の表の中から、当時一般的であった女子のチュニック（長めの事務服）のみを抽出すると、襟の形態・服を着た時の留め方で、以下にも示すように、9つのバリエーションを展開していることがわかる。

■女子チュニック Ｖカラー
■女子チュニック サイドボタン 5分袖 紐結ベルト付
■女子チュニック サイドボタン Ｖカラー
■女子チュニック ダブルボタン
■女子チュニック ダブルボタン ボタン留ベルト付
■女子チュニック ノースリーブ フロントファスナー紐結ベルト付
■女子チュニック フロントファスナー 5分袖 紐結ベルト付
■女子チュニック フロントボタン ノースリーブ紐結ベルト付
■女子チュニック フロントボタン 紐結ベルト付

　このように、「工場の一日」で分類しているユニフォームを、さらに服としての機能・形態別に分化し、100点以上へ展開を図っていた。
　実はこれは、一般的な消費者向け工業製品の商品展開方法と、基本的にほとんど同じである。一般消費者向けに既製服を販売するように、企業向けに「ワーキングウエア」を展開しているわけであり、単に従来からある作業服に手を加えて、お仕着せのユニフォームとして展開しているのではない。最終的にそれを着用する従業員のニーズを取り

入れ、彼らにも納得して着てもらえる商品として、「ワーキングウエア」を提案したのだ。

あくまでも機能を重視しながら、統一した考え方に基づき、具体的な展開を図っていく。働きやすく、先進性があり、安価で機能面で優れているものを求めていく姿勢が如実に表れている。しかも従業員が積極的に着てくれるように細かな創意・工夫を各所に採り入れることで、一企業の制服ではなく、東洋紡 D・C シリーズとして一般化した形での展開に結実した。

▍日石サービスマンユニフォーム

日本石油のサービスマンユニフォームは、競争相手のユニフォームを調査し、ガソリンスタンドで展開される業務の作業内容分析を行うなど、今でも通用する手法を駆使し提案にこぎつけている。

これらの段階を踏んだ企画は、製品化から従業員教育まで踏み込んだものであり、その流れは現在の CI やブランディングの一環としてのユニフォーム企画を彷彿とさせる。しかも、客観化された業務分析を大切にする手法が効果を上げたと思われる。

桑澤は 1969（昭和 44）年、1973（昭和 48）年のユニフォーム改訂の企画デザインを担当し、1969 年には約 10 万着が発注された。

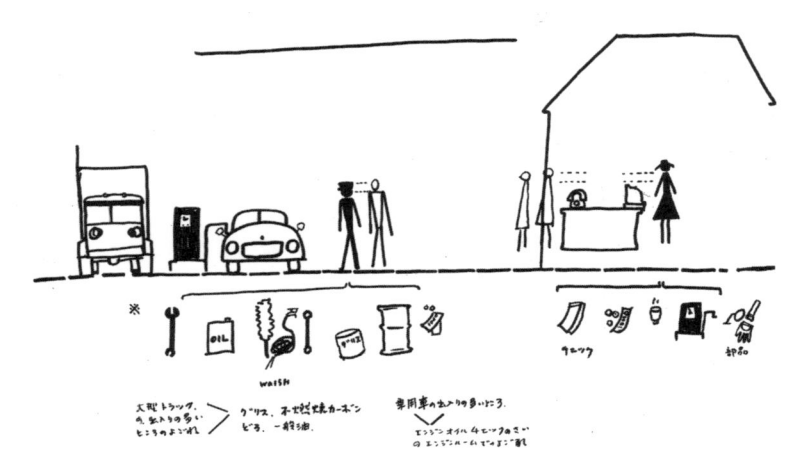

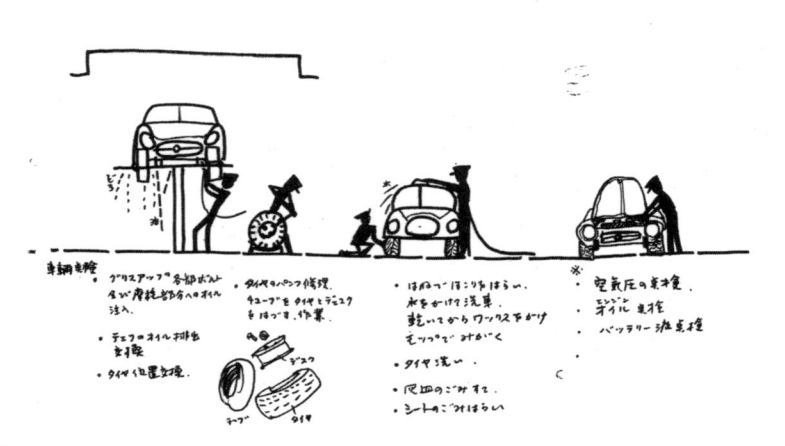

ガソリンスタンドの動き。手描きイラスト

日石作業内容分析

条件　状況	ガソリンの給油作業を主とする。油性物取扱の作業と車の整備とその他
	●例 　オイル交換　グリスアップ　タイヤチェンジ　パンク修理　その他保守のための点検 　洗車　清掃 給油を主とするが、その職種の内容が多様であること 屋外　屋内の仕事を両立させている ●女子 　接客業務　時々給油作業 内、外両立
注文主からの要望	日石スタンドのスタンドサービス員は第一線で働くセールスマンである 接客は各自で行う 日石サービススタンドの色彩　青　白　赤とその調和 品位あるもの そのスタイルへの憧れ 着装者の自己職業意識の向上　ほこり
その他	スタンド員全体の平均年令を10代〜20代の若さにかけていること 危険の伴う作業があること

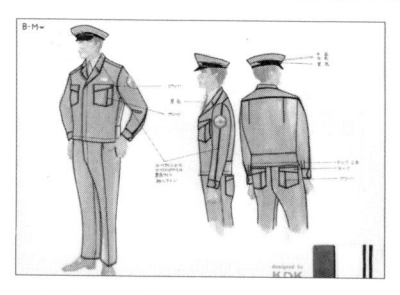

日本石油S／S冬服　プレゼン用デザイン画　　日本石油S／S夏服　プレゼン用デザイン画

KDKビジネス・ウェア

　予算と数だけを指定し、企業ごとのオリジナリティといえばせいぜい胸章を刺繍で入れるだけ……これがごくあたりまえの注文形式だった時代に、KDKではあえて条件指定の細目をパンフレットに明示していた。現在では、縫製加工メーカー単位でデザイン展開をしているケースが多

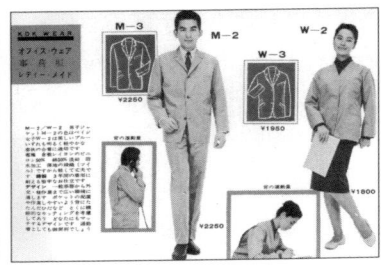

「KDK ビジネス・ウェア」パンフレット

く、しかもそのバリエーションも事前に多々用意しているため、逆に、改めてデザインから描き起こすことはまれである。しかし当時は、直接の窓口である購買担当者に対する啓蒙からはじめないと、本来のその企業に合った提案が評価されないと判断した上での明示であったのだろう。

　このパンフレットには、KDK ビジネス・ウェアの採用企業も紹介されているが、そこには当時の有名企業がずらりと並び、KDK が企業としてもかなりの実力を持っていたことをうかがわせる。当時協力企業でもあった縫製加工業者である新晃縫製や美鈴産業との共同歩調が、東洋紡や倉敷レイヨンなど原反メーカーの協力ともあいまって、広範な企業ニーズに応えることを可能にしていたのだろう。

　当時は KDK のような、現場における調査結果を前提にデザインを作り上げていく手法を実現できる組織は珍しかったものの、その手法が一定の評価を得ていた証がこのパンフレットである。

　　　　　　　KDK業務の御案内
KDKは　各職場　職種に応じたオリジナル・デザインによる製品を提供して御好評を頂いております
少量から多量までのオーダー・メイドも承っております
KDKは　ごらんのように会社・商社・官庁のオフィス着　各種工場の作業衣と現場の事務服　スポーツ・センター　ホテル　レストラン　小売店等のサービス用ユニフォーム　見本市　サービス・ステーション等の宣伝係ユニフォーム　農村着　婦人会などの団体服　学校着など広範囲のデザインの御用命を承っております
製作にあたっては調査・研究・打合せなど御依頼主の御意向を尊重しながら当社デザイン部の専門的な感覚と技術を入れこんで　最高の成果をあげるよう努力いたしております。なお、会社で縫製をなさる場合でもデザイン相談　型紙の製作　縫製の指示など承ります
　　　　　　　　　ご注文のメモ
KDKに御用命のさいは、次のような点をお知らせ頂ければご便利です

ご注文される会社のお名前　ご住所　お電話

どのような用途に　たとえば事務用とか　事務と作業の兼用とか　純作業用など

会社の仕事の種類とその特長

オフィスあるいは工場の環境　建物の色彩など

着用する方の男女別　年令層

着用する季節

支給する期間

1人あたりの支給枚数

ご注文の数量

御予算

（KDK ビジネス・ウェアパンフレットより）

KDK パンフレットでの紹介企業

東京都信用組合 事務服	後楽園スケートセンター ユニフォーム
日産自動車 事務服	不二家 ウェイトレス ユニフォーム
小野田セメント 事務服	国際文化会館 ウェイトレス ユニフォーム
八幡製鉄 事務服	ナショナル サービスステーション ユニフォーム
丸正自動車製造 ユニフォーム	法華クラブ ユニフォーム
原宿ゴルフクラブ	宮本製菓
	森田綿業

▍KDKによる出光ユニフォーム

　出光興産のユニフォーム制作のためのプレゼンテーションでは、デザイン画を作成する前に、KDK のスタッフが直接現場まで出向き、サービススタンドに対する聞き取り調査を行っている。その報告書が、新晃縫製のレターヘッ

第 2 章　実践の果実

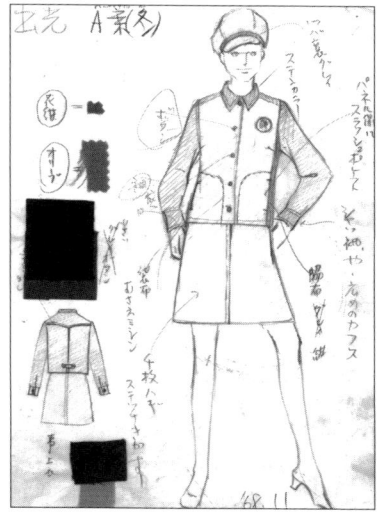

出光興産女子S／S夏用ユニフォーム デザイン画　　出光興産女子S／S冬用ユニフォーム デザイン画

ドの付いた用箋で作成されているところから、同社との連携がうかがわれる。

　1970 年代の夏用注文書を見ると、価格は上下で 2,000 〜 3,000 円である。当時の新卒者給与は 30,000 円前後だったから、それをベースに現在のレートに換算すると 20,000 円程度となり、相当高価だったことがわかる。

婦人自衛官のユニフォームもデザイン

　このように桑澤洋子は、K・D 技術研究会、および桑沢デザイン研究所卒業生を中核とする KDK のサポートを得て、1950 〜 1960 年代にかけ積極的にワーキングウ

085

エアのデザイン展開を行った。日本石油では、年間3〜4万着が日本全国のガソリンスタンドで着用されたという。

また、究極のユニフォームともいえる自衛隊の婦人自衛官制服まで手掛けていた。さらに、官公庁の制服や倉敷レイヨンとの共同作業による大阪市役所の市職員作業衣もデザイン画に含まれ、新幹線スタッフの制服や、大阪万博では柳悦孝とともに日本民藝館コンパニオンユニフォームも担当している。

桑澤洋子は1977（昭和52）年4月にこの世を去った。その葬儀資料の中には「桑沢洋子の顧問デザイナーとしての役割」「主なユニフォームのデザイン」というメモが残っている。

桑沢洋子の顧問デザイナーとしての役割
■大丸百貨店 （1954〜1968）
大丸東京店開店にあたって婦人服部門の相談にあずかり、同時に同店内に「桑沢オリジナルズ」の婦人既製服のコーナーを置く。後にこのコーナーは大阪・神戸・京都の大丸各店にも置かれる。
■伊勢丹 （1964〜1976）
ビジネスウェア（ユニフォーム）部門の顧問デザイナー
従来のスモックの事務服にかわる新しいビジネスウェアや作業衣の企画サイズ型紙の研究
■東急百貨店 （1965〜1972）
ユニフォームのデザイン企画
■倉敷レイヨン （1954〜1972）

ドレス・デザイン 桑沢洋子
■東洋紡績
新素材の開発を主眼とした "東洋紡デザインセンター"
の設置にともなって顧問デザイナーとして招かれる
ビジネスウェア部門 桑沢洋子

主なユニフォームのデザイン

日本国有鉄道 "新幹線" 従業員用（デザイン参加）	キリンビール 配送員
鉄道弘済会 販売員	サッポロビール 配送員
専売公社 女子工員	日本麦酒 配送員
東京芝浦電気 女子従業員	森永製菓 販売員
松下電気 男女従業員	不二屋 販売員
ソニー 男女従業員	明治製菓薬局販売員用
共和電業 男女従業員	帝国ホテルの一部（伊勢丹経由）
丸正自動車 男女作業衣	後楽園スタジアム
本田技研 デモンストレーター	日本石油サービスマンユニフォーム
鈴木自動車 作業衣	女子美術大学付属高校
オリベッティー 男子作業衣 女子デモンストレーター	筑陽学園高等学校
富士フィルム 男女作業衣	神奈川県公立湯川中学校
マルマン 男女作業衣	

第3章
教育への傾斜

■「教育」関連略年譜

- 1910（明治43）年 ─────────────── 0歳
  11月7日、東京市神田區東紺屋町に生まれる
- 1928（昭和3）年 ─────────────── 18歳
  神田高等女学校卒業。女子美術学校師範科西洋画科に入学
- 1932（昭和7）年 ─────────────── 22歳
  女子美術専門学校（昭和4年女子美術専門学校に昇格）卒業
- 1933（昭和8）年 ─────────────── 23歳
  新建築工藝學院入学
  『構成教育体系』編纂を手伝う
- 1941（昭和16）年 ────────────── 31歳
  イトウ洋裁研究所で製図を学ぶ
- 1946（昭和21）年 ────────────── 36歳
  後の女房役高松太郎と出会う
- 1947（昭和22）年 ────────────── 37歳
  土方梅子とともに「服装文化クラブ」設立
- 1948（昭和23）年 ────────────── 38歳
  多摩川洋裁学院院長（～昭和29）
- 1949（昭和24）年 ────────────── 39歳
  ニュースタイル女学院院長（～昭和26）
- 1950（昭和25）年 ────────────── 40歳
  K・D技術研究会設立
  女子美術大学短期大学部服飾科講師（～昭和35）
- 1951（昭和26）年 ────────────── 41歳
  「ドレスメーカー・ガイドブック」創刊（～昭和27）
  『洋裁家ガイドブック』婦人画報社（谷長二との共著）
- 1952（昭和27）年 ────────────── 42歳
  女子美術大学芸術学部図案科講師（～昭和29）
  「KDニュース」創刊（昭和27～33）
- 1954（昭和29）年 ────────────── 44歳
  桑沢デザイン研究所を青山に創設（4月）
  ヴァルター・グロピウス訪問（6月15日）
  研究所主催「桑沢洋子作品発表会」（昭和33／35／36）
- 1955（昭和30）年 ────────────── 45歳
  「造形教育センター」設立に名を連ねる
- 1957（昭和32）年 ────────────── 47歳
  桑沢学園理事長（暮れに学校法人となる）
  YMCA教養専科桑沢教室（デザイン）講師（～昭和41）

第3章　教育への傾斜

- 1958（昭和33）年 ───────────────── 48歳
研究所渋谷公会堂近くに移転
「KDニュース」を改称し「kds」創刊（〜昭和35）
- 1960（昭和35）年 ───────────────── 50歳
女子美術大学短期大学部服飾科教授（〜昭和43）
- 1961（昭和36）年 ───────────────── 51歳
日本デザイン学会会員（〜昭和52）
『基礎教育のための衣服のデザインと技術』家政教育社（単著）
- 1963（昭和38）年 ───────────────── 53歳
研究所10周年、学生数1200名に達し大学設置の構想
- 1966（昭和41）年 ───────────────── 56歳
東京造形大学創設、学長に就任
- 1970（昭和45）年 ───────────────── 60歳
『日本デザイン小史』ダヴィッド社（共著）
- 1971（昭和46）年 ───────────────── 61歳
桑沢デザイン研究所、翌年東京造形大学に学園紛争
- 1973（昭和48）年 ───────────────── 63歳
東京造形大学学長辞任（4月）
- 1974（昭和49）年 ───────────────── 64歳
桑沢デザイン研究所所長辞任。桑沢学園理事長を辞任し学園長となる
- 1977（昭和52）年 ───────────────── 66歳
4月12日死去

＊常見美紀子『桑沢洋子とモダン・デザイン運動』「桑沢洋子年譜」をもとに作成。

多摩川洋裁学院

　戦前から第二次大戦直後まで、洋裁学校の多くはまだ花嫁修業を目的としており、職業人としての洋裁家を養成する機関はほとんどなかった。しかし、1948（昭和23）年から桑澤洋子が院長としてその運営を任せられた多摩川洋裁学院は、当初からプロ、すなわち洋裁で生計を立てることができることを教育目標に掲げていた。

　しかもこの学院の教育方針は、他の洋裁学校とは一味も二味も違い、洋裁技術だけでなく、服飾デザインの基礎となる色彩論、人体デッサン・ドローイングなども含んだものだった。つまり、後の桑沢デザイン研究所の萌芽が、すでに形成されつつあったのである。

　ただ、今でこそ、服飾デザインという言葉の意味は広く認知されているが、当時それで食べていけるとは多くの人たちは考えていない。そのため当初は、花嫁修業型あるいは内職志望型の生徒と、プロフェッショナルを目指す生徒が混在していた。そんな中、桑澤はより職能人教育に特化した組織の必要性を痛感し、そこで1950（昭和25）年、多摩川洋裁学院の中に生まれたのがK・D技術研究会である。

K・D技術研究会

　K・D技術研究会の所期の目的は、多摩川洋裁学院卒業生を中心にした洋裁家たちの経済的自立をサポートするための、技術向上と情報の相互交流にあった。しかも、お針

第3章　教育への傾斜

子や小規模な裁縫店を支える縫製家だけでなく、「総合的な視点からのデザイン展開をはかる人たち」つまりコスチュームデザイナーの育成をも含んでいた。

K・D技術研究会の機関紙として産声を上げた「ドレスメーカー・ガイドブック」の4号巻頭では、桑澤洋子は「そだちゆく研究會」と題した一文の中で次のように記している。

> 「ドレスメーカー・ガイドブック」は、日本全国を通じての洋裁家の手綱と考えても、地方と都市の服装文化のズレを解決するよき参考書と考えてもよいと思います。また各地で考えていること、感じていることを、声にして同僚に呼びかけたり答えたりしてゆく、洋裁家の同人雑誌として考えてもよいと思います。

「ドレスメーカー・ガイドブック」
　VOL.1 表紙（上）
「K・D技術研究会のしおり」（右）

> 　各地の異なつた風土、季候や生活環境のうえで創りあげたデザインや技術を、社会に問い、先生方に批判していただいて、より高めてゆくための誌上発表や展示会、あるいはショウの計画までたてて実行してゆきたいと希望しております。
>
> （そだちゆく研究會 「ドレスメーカー・ガイドブック」第4号）

　6号目から新装されて「KDニュース」と名も改められるが、基本的な編集方針は「ドレスメーカー・ガイドブック」を踏襲している。一方、母体であるK・D技術研究会では、日本全国に13もの支部が結成され、桑澤洋子当人や研究生による地方への講演会活動も積極的に行われていた。また、「婦人朝日」主催の全国巡回「服装相談」で、桑澤は1952（昭和27）年には小倉、博多、名古屋、松山、金沢へと赴いている。

　「KDニュース」に名称変更されてからの表紙デッサンは、舞台美術家・画家で多摩川洋裁学院の講師でもあった朝倉摂だ。彫刻家の佐藤忠良は、「ドレスメーカー・ガイドブック」時代からこの雑誌に寄稿しており、多摩川洋裁学院でも「私は裁縫学校の副校長」と自ら称して教壇に立っていた。佐藤は、ドレスデザイン中心の技術書の色彩が強いこの冊子の中で、デッサン論や美術論を執筆しているが、これはまさに、服飾デザイナーには「総合的な感覚訓練」と「技術の実習」の2つがともに必要だという桑澤洋子のスタンスを具現化したものといえる。

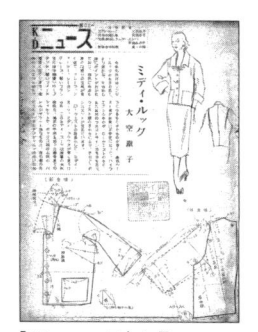

「KDニュース」1号 「KDニュース」10号 「KDニュース」20号

「KDニュース」30号 「KDニュース」40号 「kds」56号

桑沢デザイン研究所の誕生

　K・D技術研究会を母体に桑沢デザイン研究所が誕生した1954（昭和29）年は、前年に朝鮮戦争の休戦が決まり、戦後の混乱が落ち着きはじめた時期であり、当面の生活維持に汲々としていた人々は、ようやく生活改善に目を向ける余裕を持ちはじめていた。

　当時の入学案内パンフレットはA5三つ折り6ページの簡単な小冊子だが、案内に書かれた講師陣の一覧を見れば、

桑沢デザイン研究所

桑沢デザイン研究所のロゴタイプ。高橋錦吉作成

まさに当時のデザイン界のオピニオンリーダーたちが教鞭をとっていたことがわかる。1957（昭和32）年度の入学案内のデザインは、戦前の「婦人畫報」時代からの桑澤の盟友で、東京オリンピックのポスターを手掛けたことでも知られる亀倉雄策である。

また、当時の卒業証書では、分野担当責任者である教員が直にサインをしていた。

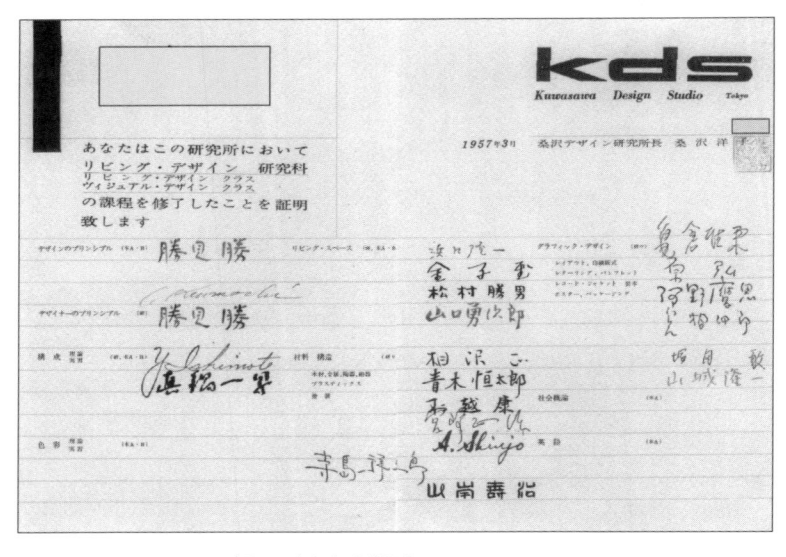

1956（昭和31）年度 卒業証書

1954（昭和29）年度
「入学案内」

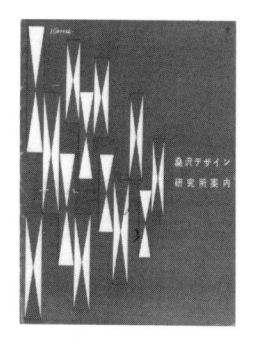

1957（昭和32）年度
「入学案内」

草創時の学科構成

　草創期の桑沢デザイン研究所には、ドレス科とリビング・デザイン科の2科が置かれた。多摩川洋裁学院の流れを汲むドレス科に設けられたのは、当初技術クラスとデザインクラスの2クラスだった。技術クラスでは、洋裁経験者を対象に技術教育を行い、デザインクラスでは構成（デザイン感覚訓練のための基礎実習）や色彩、デッサン、ドレスデザインの基礎などの服飾デザイン教育を行ったのである。

　もう一方の科の名称となっている「リビング・デザイン」は、現在とは大きく意味が異なる。今ではこの言葉は、インテリアデザインとほぼ同義で使われることがほとんどだが、この当時は、もっと守備範囲の広い用語だった。「リビング（living）」つまり、生活のまわりにあるもののデザインすべてを指す言葉で、その意味ではインテリアデザインもグラフィックデザインも、インダストリアルデザイン

も、そして当然、ドレスデザインすら包含する概念である。

桑澤洋子はもともと、デザイン教育には「総合的な感覚訓練」と「技術の実習」の2つが、どちらも欠かせないと考えていた（「桑沢デザイン研究所 入学案内」1954年度）。そのため多摩川洋裁学院時代から、画家・デザイナー橋本徹郎、彫刻家佐藤忠良、舞台美術家・画家朝倉摂など、服飾デザイン畑以外の人材を教員として招いていたほどだ。桑沢デザイン研究所では、当初から、「総合的な感覚訓練」のために、ドレスデザイン、リビング・デザイン両科に「構成」という科目を置いた。

構成とは、当時の「KDニュース」によれば、「色彩・形態・質・光などに対する個性的感覚をみがくための実習」とされている。

▎「リビングデザイン」誌との連動

雑誌「リビングデザイン」を通じた活動も、その後のデザイン文化に大きく貢献をした。同誌は、美術出版社から1955（昭和30）年1月に創刊され、デザインという新しい分野を総合的に捉える雑誌としてスタートしたが、桑澤洋子自身も含めて、初期の桑沢に集まった多くのデザイン関係者たちが執筆陣として名を連ねていた。ちなみに桑沢デザイン研究所の設立が1954（昭和29）年で、「リビングデザイン」の創刊はその翌年である。

次にその創刊号の目次を抽出しているが、多くの桑沢デザイン研究所の講師の名前を見て取ることができ、同誌と桑沢デザイン研究所の密接な関係がわかるはずだ。

第3章　教育への傾斜

「リビングデザイン」創刊号 目次

とじこみ附録		
ぼくの年賀状	猪熊弦一郎	
抽象デッサン	スーフォール	
原色版		
わら細工のデコレーション		1
農民衣装の人形スウェーデン		59
四色刷オフセット版		
陶板	イサム・ノグチ	11
新しい凧を作りましょう	由良玲吉 北川省三	12 13
ヨーロッパの生活考現学から	吉田謙吉	53
LPレコードのジャケット	岡鹿之助	56
グラビヤ版		
日本の工業デザイン	亀倉雄策・渡辺力・淡島雅吉 剣持勇・柳宗理・小杉二郎	2
スポーツの服装・スキー	笠木実	8
おすまい拝見・Kさんの家	小川正隆 撮影・大辻清司	46
フォト・デザイン	石元泰博・田村栄・関根慶治郎	50
二色版		
イキ・粋について	木村荘八	77
メキシコの古代模様		82
オブジェとしての文字の構成		84
本文		
スタイル画教室1・画を描く前に	長沢節	15
デザイン運動の一〇〇年・夜明け前の時代	勝見勝	20
服飾時評 日本の絹とファッション	河野鷹思	24
レイモンド・ローウィとその協団	剣持勇	26
かいものあんない		30
座談会 若い女性デザイナーは語る	司会・今和次郎	31
材料の実際知識・化繊のはなし		40
流行の心理	南博	44
デザインと流行色	細野尚志	45
構成の基本 1・対称の形	小池岩太郎	60
イタリア紀行 冬のフィレンツェ	三輪福松	64
ポスター・デパート・装幀・自動車		68
デザイナー紹介 桑沢洋子さん	浜村順 撮影・杵島隆	70
デザイン随筆 バレエとデザイン	貝谷八百子	74
オーケストラライゼーション	木々高太郎	75
お部屋のアクセサリー・灰皿		76
外国のデザイン雑誌紹介・グラフィス	原弘	85
バレエ・新劇・映画・オペラ		86
名著解説 ハーバート・リード著「芸術と産業」		88
デザイン時評		89
あちらのはなし		91
まちでみかけた……・編集後記		92

099

「リビングデザイン」創刊号　表紙
美術出版社　1955（昭和30）年

　1956（昭和31）年3月号では「デザイン教育拝見」という特集が組まれ、写真構成4ページを含む10ページを使って桑沢デザイン研究所が紹介されている。記事中の紹介写真に登場しているのは、当時講師を務めていた浜口ミホ、金子至、橋本徹郎、高橋正人、剣持勇、勝見勝、真鍋一男、淡島雅吉、矢野目鋼、佐藤忠良だ。

　1956年当時、日本にはまだ、本格的なデザイン教育機関など大学も含めてどこにもなかった。その状況で、10ページにもわたる特集が組まれたのだ。この時期から志願者が急増し、"桑沢は入るのも難しいが、課題に追いかけられ、卒業するのはさらに難しい" などという現実も生まれた。

　1960（昭和35）年1月号は、誌名を「リビンデザイン」から「デザイン」に名称変更した号だが、桑沢関係者が相変わらず執筆している。なおこの号から判型もB5判からA4判に変わった。

第 3 章　教育への傾斜

デザイン教育拝見　「リビングデザイン」　1956（昭和 31）年 3 月号　美術出版社

「デザイン」1960年1月号　目次

表紙デザイン　亀倉雄策

マックス・ビルと綜合様式	勝見勝	2
日本のデザイン 1959／60 建築	川添登	16
工業デザイン	明石一男	
グラフィック・デザイン	浜村順	
これからのデザイン教育の問題　連載座談会4	勝見勝 亀倉雄策 小池岩太郎 小杉二郎 清家清 山口正城 渡辺力	27
天平のグッドデザイン	清家清	35
仕事場から　都市計画をきめるもの	坂倉準三	14
なんでもないデザイン　手かぎ	大辻清司	15
書評	高橋錦吉 真野善一 吉阪隆正	43
ラ・ジャンブル・シャルマント展の家具から		39
展覧会カタログ　チューリッヒ応用美術学校写真部作品		42
デザインの広場		34
デュオ・カラー・ページ		40
年賀ばがきコンクール作品		48
デザイン・ダイジェスト		44
レーダー		46
告知板		48

服飾デザインから総合デザインへ

　誕生当時の桑沢デザイン研究所は、多摩川洋裁学院、K・D技術研究会の流れを汲むドレス科が中心で、職能人としてのドレスデザイナーの育成を主な目的としていた。しかし、当初は夜間のみだったリビング・デザイン科がデザイン界を中心とする外部から注目を浴び、バウハウスの生みの親であるヴァルター・グロピウスの賛辞から「日本版のバウハウス」という評価が広まるにつれ、すべてのデザインの基礎となる感覚と技術を学ぶ教育機関へと変質していく。

　専門教育機関としての質を保ちながら、大衆化への先鞭をつけることで多くの人材が吸い寄せられ、そこから育ち、華々しい活動を展開していった。

　研究所開設当初の思いを以下の桑澤の文章からうかがい知ることができる。

　　（略）
　　結果としては、私がやりつづけてきたドレス科とリビング・デザイン科の二つが二本の柱となり、教育の最大の目的は、デザインに関する既成概念を実習をとおして打破することであった。つまり、人間とデザインとのつながり、いいかえれば、社会とデザイナーの結びつきを教育の基本においたのである。日本のいままでの造形教育が技術的な観点だけでなされた結果の弊害は、あらゆるその筋の職能分野にひびいているので、ここでの教育は、その狭い技術的な教育方針を破って、概念くだきのための教育

コースを設定しようとしたのである。（略）
(K・D・S開講『ふだん着のデザイナー』桑沢洋子〔前掲書〕より)

　桑沢デザイン研究所では、経験的な枝葉末節にとらわれることや皮相なテクニックではなしに、"概念くだき"の結果、人間的な総合力を土台に培われたデザイン力を醸成することを目指した。これは、後の東京造形大学でも変わらずに継承される教育理念である。

▌渋谷校舎への新築移転

　1960年代に入る直前から、教職員も学生も時代から希求されているかのように多くの分野で活躍し、その結果として、社会的な高い評価が桑沢デザイン研究所に戻ってくるという好循環が生まれはじめる。1958（昭和33）年4月1日に渋谷校舎開設記念号である「kds」44号（この号より「KDニュース」から改称）が発行されるが、この時期こそ桑沢デザイン研究所の集大成の時期であり、本号もその意気込みを表す内容になっている。桑澤の掲げた既成概念の打破が、学内にようやく浸透しつつあった。
　この号には、「よせられたことば」という文章とともに「私のフロッタージュ」という題目で、佐藤忠良作のデッサンを加え、講師陣が寄せ書き風に寄稿している。
　また、青山校舎から渋谷の現校地に移ったのもこの時期で、その意欲的な展開は同じ「KDニュース」44号他に詳細に記されている。

第3章　教育への傾斜

「よせられたことば」（一部）「kds」44号

KDS新校舎とわたくしの理想

　家庭裁縫的な日本の洋裁教育にあきたらず、なんとかして、本格的なドレスの職能教育をやりたい。また、バウハウス・システムによるデザイン全般の教育をしたい、という気持は早くから抱いていましたが、KDS創立の当初は、校舎の設備は申すまでもなく、学ぶほうの側の心構えなど総合してみて、そうした意味での職能教育を実施することは、とても不可能な段階でした。そこでまず、デザインにたいする概念くだきからということで、一年の教育課程をたてて出発しました。

　しかし、その後温かい理解のもとに御協力くださった講

105

師の方がたが、わたくしと同じ気持で、乏しい不自由な設備のなかで、なんとか本格的なデザイン教育を、と努力してくださった結果、この4年間に教育内容の驚くべき進展と充実をみることができました。そしてリビング・デザイン科は、1年コースが2年コースとなり、ドレス科においては、3年コースまでできて、職能教育の段階に一歩ふみいったともいえるようになりました。さらに今後は、4年目の職能クラスまで正規の課程がふめる希望がもてるようになったことは、KDSのデザイン教育の重要性と可能性が、徐々に、教える側にも、また研究生側にもわかってきたからだと思います。

　新しい校舎ができ、4月からは学校法人桑沢学園として新発足することになりました。今後は、よりよく授業内容の充実をはかり、当初の理想である総合的なデザイン教育の万全を期したいと思います。しかしながら、そうした内容の充実に専心すればするほど、現実的な経済面が理想と平行しない、という問題が出てくると思います。ここで学ぶ研究生にとっても、理想的な長期の学習過程を経るために、精神的にも経済的にも相当な覚悟がいるということにもなると思うのです。

　しかし、なんといっても、好意あるみなさまがたから拝借した建築費の返済の任は果すよう、一生懸命努力してゆきたいと思いますし、たいへんおこがましい言いかたかもしれませんが、純粋なデザイン教育と経済面の確保について、一つのモデル・ケースとして困難を乗りこえてゆきたいと思います。つぎの段階では、校舎の横の空地に、職能教育の実習室を増設し、ワークショップによるデザイン

桑沢デザイン研究所旧渋谷校舎。1960（昭和35）年

の基礎技術の体験をさせてゆきたい、さらに、職場におけるインターンによって、職能教育の徹底を計画したいと思っています。

1958・4　桑沢洋子

（「kds」44号）

　現在の校舎とまったく同じ場所に、1958（昭和33）年、一部地下を含む3階建て新校舎が完成した。写真が撮影された1960年当時、まだ右側の道路を隔てたところは駐留米軍の住居地域ワシントンハイツだった。まだ、NHKも代々木体育館もない。手前に見えるのは、今も校舎の隣に鎮座している北谷稲荷神社である。

▍「KDニュース」の終焉

　桑沢デザイン研究所が青山に産声を上げる前から発刊されていた「kds」は、1960（昭和35）年3月発行の56号で休刊となる。ガリ版刷りの時代から軽印刷、さらに本格的な印刷へと体裁は変わりながらも貫かれてきたことは、服飾デザインの原点としてのデザインそのものに対する啓蒙であり、読者対象が洋裁関係者に限定されていた時から、間口を広げ、デザイン全般にわたる分野の提言がそこかしこにちりばめられていた。

　　　　　　　　　ＫＤＳ会の歴史
　KDS会の前身KD技術研究会が発足してから今年で通算10年になる。桑沢デザイン研究所の設立以前であるが、桑沢所長の理想に共鳴した多摩川洋裁学園卒業生有志により、所長を中心とした技術研究会が結成された。そしてドレスデザイン界の、因習的なセクト主義を排し、新しいドレスデザインの創造を目指すとともに、まだ認められることの少なかったデザイナーの地位を高め、社会的保証を獲得しようとする進歩的な運動が続けられた。

　そのための活動として、日曜講座、機関誌KDニュース発行、デザイン発表会などが行なわれ、その方向性は草創期のデザイン界に注目すべき成果をあげた。

　活動内容を大別すると、
1.教育活動　2.製作技術研究　3.機関誌によるＰＲ　に要約されるが、やがて青山に桑沢デザイン研究所が創設されるとともに教育活動はここに引きつがれ、さらにKDK

（桑沢デザイン工房）に制作技術面が移行した。新しい組織の中でもKDニュースは引き続き発行されていったが、この段階において、旧KD技術研究会は、学校および工房を生みだすための推進母体として、大きな役割を果したと言える。

　しかし、その後、29年にリビングデザイン科が創設され、特色ある学校として桑沢が発展するとともに、種種の問題が起ってきた。32年学校法人として出発後は、ドレス・リビング科卒業生を従来の組織に包括してKDS会と改称、専任事務局を配置して再発足したが、この時すでに内在していた多くの矛盾が、今日表面化としたと言える。

　34年度は周知のとおり前事務局の辞任後、委員制度の試み、在学生の正会員昇格など、一連の動きが活発にみられ、KDS会の今後に期待を抱かせた。しかし結果は逆に、学校職員への過剰負担、一層複雑化した会員各層の不満──持に学生独自の組織を求める在学生会員の離脱、などとなって現われ、それに伴う学校からの補助打ち切り……など、経済面・組織面ともに決定的な挫折を来し、今日の結果となった。

（「kds」56号）

　以上は終刊号でのKDS会（旧K・D技術研究会）の総括記事である。「kds」休刊と同時に、ドレスデザイン科卒業生を含む洋裁関係者からなるこの会も発展的に解消されて、リビング・デザイン科卒業生も包括した同窓会へと変わった。

社会における実践を重視する校風

　桑沢デザイン研究所は当初、単なる教育機関ではなかった。これは、本書冒頭で紹介した同研究所開設のあいさつ文を見ればよくわかる。ここで、その部分をもう一度引用してみよう。

> 　（略）　目的達成に必要な場をほしいとの切実な要望が高まり、このたび表記に桑沢デザイン・スタジオを新設した次第でございます。
> 　理想の一部である職能人に必要な感覚および技術の徹底した教育機関として、このたび当スタジオに桑沢デザイン研究所を開設いたしました。（略）

　現在、桑沢デザイン研究所を英文で表記する場合は、「KUWASAWA DESIGN SCHOOL」だが、創立からかなりの間は、「KUWAZAWA DESIGN STUDIO」と表記されていた。あいさつ文からは、まず、桑沢デザイン・スタジオという母体があり、その中に桑沢デザイン研究所が設けられたという構造が見てとれる。

> 　待望のわれらの城は、当初「桑沢デザインスタジオ」であった。これまでの経緯からドレスが主体であり、工房と事務所を兼ねたスタジオである。
> 　（略）
> 　デザインスタジオの内容は、検討しているうちに、しだいに「デザイン教育」、「服装デザイン工房」、「KD技術

第 3 章　教育への傾斜

研究会」と、三つの方向へわかれていく。
（一九五四年、桑沢デザイン研究所の誕生　『「桑沢」草創の追憶』高松太郎、桑沢文庫２より）

　これは、桑澤洋子とともに桑沢デザイン研究所、東京造形大学を生み育てた高松太郎の回想である。つまり、もともとの構想だった桑沢デザイン・スタジオは、現在のように教育機関として自己完結する形態ではなく、社会の一機能として"啓蒙・実践・教育"が三位一体の形で存在する組織体であるべきとの理想を掲げていたのである。実際、卒業生の社会貢献としての作品発表会からはじまった社会への働きかけは、大丸での「桑沢オリジナルズ」や「KDKビジネス・ウェア」として実を結んでいる。

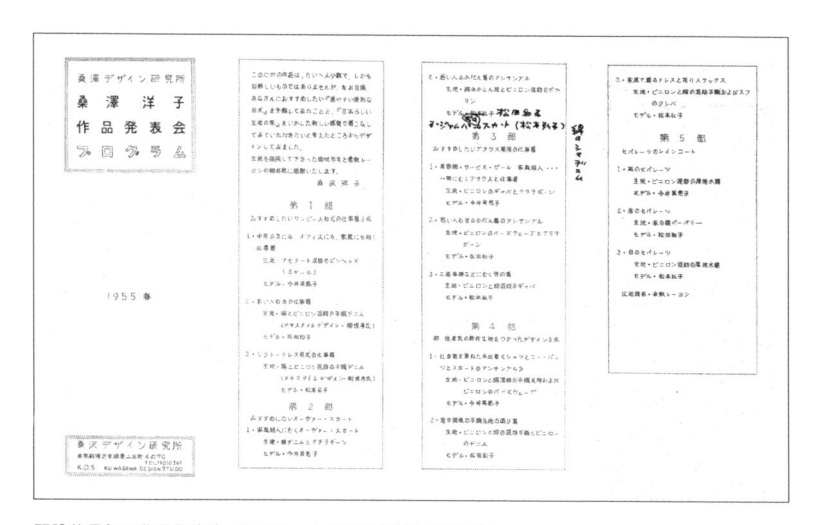

開設後最初の作品発表会 パンフレット 1955（昭和 30）年 春

しかし、桑沢デザイン研究所は、青山から渋谷に移転したころからKDKという職能組織と学校運営が混在している中での交通整理が不十分なまま、時間経過の中で、学校運営のみを中軸とするよう変わっていった。例えば、かつての作品発表会同様、現在の学校祭でも運営母体を学生と学校の共催としているのは創設当時の名残である。学校祭が、桑沢デザイン研究所の社会参加の一環だという姿勢・思想は、昔も今も変わってはいない。

前ページのパンフレットを見ると、最初の発表会の内容は、仕事着あるいは学校を卒業したての青年層に向けたデ

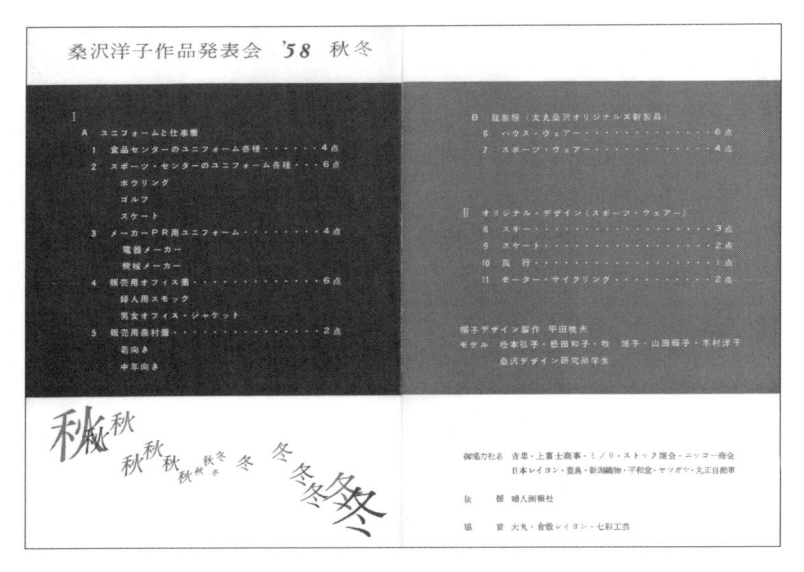

作品発表会 パンフレット 1958（昭和33）年 秋

ザイン提案が中心で、それまで桑澤洋子が「婦人画報」等々に掲載していた流れが前面に出ている。つまり当初は、桑澤自身のデザイン思想を世に問うための発表会だったということができる。ビニロンやデニムといったその後の服飾デザイン活動を象徴するような言葉が並ぶ。

　1958（昭和33）年ころになると、大丸「桑沢オリジナルズ」あるいは東洋紡でのデザイン展開やその延長であるKDKでの作品群、そして研究生の作品も紹介されるように変化している。最終的にこれらは、「KDKビジネス・ウェア」という形で商品化されていくことになる。

　KDKは桑沢デザイン研究所の渋谷校舎への移転後、一時的に青山通りに面した建物で活動した時期もあったが、その後渋谷校舎内に併合された。解散したのは、桑澤洋子が病に倒れた1972（昭和47）年のことである。しかし、アパレル業界の現状を見れば、その理念は、桑沢デザイン研究所の卒業生だけでなく広く一般に浸透し、社会の中で同様の組織体を数多く生み出すきっかけとなったことは明らかだ。有限会社として設立されながら独立した企業として発展することはなかったが、果たした役割は大きい。

草創期の東京造形大学教授メンバー

東京造形大学の誕生

　この写真は、草創期の東京造形大学教授メンバーである。桑澤洋子を囲むように勝見勝、竹谷富士雄、佐藤忠良、石元泰博、村岡章夫、勝井三雄、皆川正がそれぞれポーズをとっている。

第3章　教育への傾斜

東京造形大学 校舎

　上のマンション風の建物は、1966（昭和41）年秋、八王子市元八王子町に建設された完成当初の東京造形大学で、城山川を挟んだ斜面のヒノキ林の間から撮影したものだ。顧問であった大原総一郎の協力のもと浦辺鎮太郎作によるカーテンウォール工法の初期作品だったが、史跡保存のために惜しまれつつも撤去されてしまった。

　自己資金も乏しく、ないない尽くしの中でできあがったもので、中央線高尾駅から西北に徒歩40分、"芸大で風が吹くと武蔵美で木枯らしが造形では雪が" と揶揄された山の中だった。1期生120名はこの建物内のアトリエや教室から育ち、桑沢における青山のトタン校舎と同様に、溢れだす熱気の中でさまざまな歴史を刻んでいくことになる。

造形大学のコンセプト

　東京造形大学の教育理念のベースには、やはり桑澤洋子の"概念くだき"の思想が流れている。特定の力や意向に迎合することなく、本質を貫く思想を持ったデザインを提示することこそが、同学の基本構想であった。

　設立に際しては、この思想を具現化するために、当時の文部省への大学認可申請では以下の2つの名称を申請している。

　「東京造形デザイン大学」と「東京造形大学」である。

　下の写真は大学設立資金募集のために用意された趣意書だが、ここにも2つの名称を読み取ることができる。

　最終的に後者が文部省の裁可を受けることになったが、デザインや美術を造形という概念から総合的に捉えるという基本理念が、その名称に表されている。当時の大学ロゴマークは高橋錦吉、校章は勝井三雄がデザインした。

「東京造形デザイン大学設立資金募集趣意書」

「東京造形大学設立資金募集趣意書」

第 3 章　教育への傾斜

▍多くの人々の意思で生まれた教育機関

　桑沢デザイン研究所渋谷校舎、あるいは東京造形大学元八王子校舎を作ったベースは、桑澤洋子のデザイン教育に賭ける強い思いであった。しかし、その思いは多くの人々の力添えで現実のものとなったことも事実である。前述の大学設立時のほかにも、桑澤洋子は「桑沢デザイン研究所学校建設預金 募集趣意書」（1959 年 12 月 渋谷校舎 4F 増設時）、「東京造形大学設立資金募集 KDS 同窓会趣意書」に見られるように、寄付を募る形で卒業生や父母に協力を要請している。設立母体がないことは財政的基盤の脆弱さにつながったわけだが、逆に全員で作り上げたという関係者の強い自負を生む源泉ともなったのだ。

　桑沢デザイン研究所を創立してから、わずか 10 年余りのちに大学まで設立できるとは、多摩川洋裁学院当時の桑澤洋子は考えもしなかっただろう。

「東京造形大学 入学案内」
第 1 回

東京造形大学における実践教育

> 　東京造形大学は、デザインおよび美術を、現代造形という広い観点から総合的にとらえ、その理論・応用を教授研究し、造形を通して、将来日本の社会・産業の中核となる人材の養成を目的としています。本学の教育の特色は、造形と現代文明との深い関連を重視し、ここに根底をおいて授業計画が考慮され、教員と学生が一体となって意欲的に研さんを積む点にあります。
> （「東京造形大学入学案内」1970年）

　造形大では開設以来、共通専門科目あるいは専門第2科目と称し、学生全員を対象に、基本的な実技演習を履修できるようにしてきた。造形大彫刻科1年生の最初の実習は、大理石から切り出しただけのかたまりを、鏡面で正

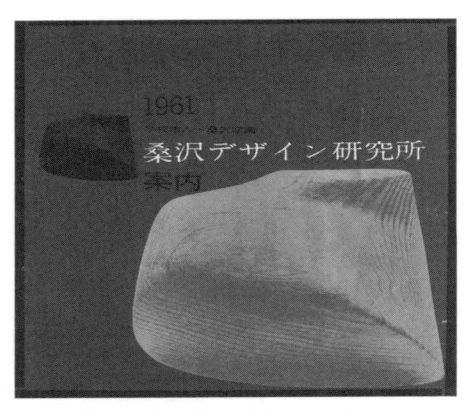

「桑沢デザイン研究所 案内」 表紙　1961（昭和36）年度

確に角度が90度の直方体にする「トウフ」作りだ。つまり、クリエイターとしての原点である手作業を尊ぶ姿勢を維持してきたのである。逆に桑沢デザイン研究所では、専門学校でありながら、開設当初より外国語や美術、特に彫刻の授業を行っている。

　1961（昭和36）年度の桑沢デザイン研究所の学校案内の表紙は「ハンドスカルプチャー」だが、このように「手で作り上げる行為」に重点をおく教育手法を桑沢でも造形でも重視していた。

桑沢・造形以外での教育活動

　桑澤洋子は、桑沢デザイン研究所や東京造形大学で講義を行うだけでなく、請われるままに他校やさまざまな場で講義や講演を行った。この関連では、東京YWCA、文化

すみれ女子短大（現名古屋学芸大）で講義する桑澤洋子。1963（昭和38）年ころ

服装学院夏期講習会テキスト指導者Ｂ級、生活改善専門技術員養成研修会、指導者講習会テキスト、京都府洋裁学校教員技術講習会テキスト、岡山生活改善講習テキスト、農家生活改善工夫展審査委員会資料などが保存されている。

▍造形におけるテキスタイルデザイン教育

　次ページの写真を見ると、黒板には繊維企業名が書かれ、繊維流通に関して説明している様子だ。川上から川下までを貫く流れは、凡百のデザイナーなら１人ではとても語りきれないものであり、広い領域に関し"ユニフォーム"を軸に戦ってきた桑澤洋子ならではの、臨場感のある講義だったはずである。

　テキスタイルデザインという領域分野の呼称を使用したのも、大学としては造形が初めてだった。これは、東京造形大学名誉教授四本貴資の命名であり、まさに川上から川下までを網羅・掌握し、総合的なデザイン行為を目指す統合的思考の産物だ。もはや職能教育としての裁縫家を育成するという枠を乗り越え、服装生活も乗り越え、ファブリクスとしての素材から最終製品をいかにコーディネートしてゆくか、そんな大きな流れとしてこの領域を捉え直した結果が、テキスタイルデザインという呼称に表れている。

造形大学テキスタイルデザイン専攻で講義する桑澤洋子。1968(昭和43)年ころ

▍教育への収斂

　デザインに関わりはじめるや桑澤洋子は、洋装教育などなかった戦前の服装環境に存在していた封建的な考え方に対し、提供対象の性格に合わせたデザイン展開を行うことで、網羅的な情報提供を行う意図をもってさまざまなメディアに対して積極的に関わっていった。

　その結果、まずやるべきことは広範囲な服装教育を展開することだと確信し、そのことが桑沢デザイン研究所さらに東京造形大学へとつながるデザイン教育への傾注に結びついていく。

　人通りもまばらな神社の横に屹立した渋谷の桑沢デザイン研究所は、その姿から「まるで工場のようだ」といわれた。完成直後、その前に広がっていた敗戦の象徴ワシントンハイツが、1964（昭和39）年にはオリンピックの主会場として使われ、桑澤洋子はその役員のユニフォーム作りに参加した。1970（昭和45）年の大阪万博では、日本民藝館のユニフォームを柳悦孝と作り上げ、それから10年も経たないうちに他界してしまった。

　桑澤洋子の自己犠牲と献身的な活動により、2つの教育組織は作り上げられた。当人が、はっきりと意図して啓蒙・実践・教育と3つの要素を使い分けたかどうかは定かではない。だが、すでに「婦人画報」内で行われていた「服装相談室」の運用のように、この3つは複雑に絡みながら、日本にデザイン思想を根付かせるさまざまな萌芽を含んで現在へと至っている。

おわりに

　学校法人桑沢学園（専門学校桑沢デザイン研究所、東京造形大学）を創設された桑澤洋子先生は、1910年11月、東京の神田にお生まれになりました。
　本年（2010年）生誕100周年を迎えます。
　専門学校桑沢デザイン研究所は1954年、東京造形大学は1966年に開設され、それぞれ約半世紀に亘る歴史を重ねて参りました。
　我が国のデザイン運動の黎明期にあって、進取の気概と情熱をもってデザイン教育に携わられた先達のご功績や思い出に満ちた貴重な資料や記録写真など、学園が所蔵する資料の一部を編纂したのが、本書『SO + ZO ARCHIVES』です。
　編纂に際しましては、鈴木保雄氏が桑沢学園在職当時、整理しデータベース化された資料を基として、白澤宏規氏（桑沢学園常務理事）、志邨匠子氏（東京造形大学）、蓼沼裕二氏、大江長二郎氏（以上桑沢デザイン研究所図書館）、

宇賀育男氏（株式会社アイノア）、稲村典義氏（株式会社フリープレス）、佐久間善典氏等、桑沢文庫の編集関係者の多くのご支援をいただきました。ご協力に、この場を借りて深く感謝の意を表します。また参考文献として、特に桑沢文庫5『桑澤洋子とモダン・デザイン運動』には多くを負っており、著者の常見美紀子氏に深く感謝いたします。

　日本における「デザイン」の草創期から、啓蒙、実践、教育活動に心血を注がれた桑澤洋子先生と桑沢学園の活動や記録を、今後の「デザイン」研究の一助にしていただければ、望外の幸せです。

　2010年11月

学校法人桑沢学園
理事長　小田一幸

桑沢文庫シリーズ　既刊

桑沢文庫 1　『ふだん着のデザイナー』
桑沢洋子著
平凡社より刊行された、桑沢洋子の著作を新装復刊

桑沢文庫 2　『「桑沢」草創の追憶』
高松太郎著
桑沢洋子に伴走した創立期、実務トップの回想録

桑沢文庫 3　『評伝・桑沢洋子』
櫻井朝雄著
桑沢洋子、その希有な生涯、ひたむきな足跡が蘇る

桑沢文庫 4　『桑沢洋子とデザイン教育の軌跡』
沢 良子著／三浦和人撮影
インタビューと寄稿により、桑沢学園の軌跡をたどる

桑沢文庫 5　『桑沢洋子とモダン・デザイン運動』
常見美紀子著
桑沢洋子研究の第一人者である著者渾身の一冊

桑沢文庫 6　『桑沢洋子 ふだん着のデザイナー展』
「桑沢洋子 ふだん着のデザイナー展」実行委員会編
好評を得た企画展の内容を、豊富な図版と資料で紹介

桑沢文庫 7　『工芸からインダストリアルデザインへ』
金子 至著
産業デザインの先駆者が「モノ」と「こと」の関係性を追求

桑沢文庫 8　『SO+ZO ARCHIVES』
桑沢文庫出版委員会編
豊富な所蔵資料から、桑沢洋子の多彩なデザイン活動をたどる

桑沢文庫 9　『桑沢学園と造形教育運動』
春日明夫／小林貴史 共著
戦後日本の美術教育において、桑沢学園が果たした役割とは何か

各書共　定価：2,100円（税込）
全国書店にてお取り扱い中。発行：学校法人 桑沢学園　発売：株式会社 アイノア

桑沢文庫 8
SO + ZO ARCHIVES
資料が語る桑澤洋子のデザイン活動

2010年11月7日 第1版第1刷発行

編集	桑沢文庫出版委員会
ブックデザイン	佐久間善典（Analog Heart）
発行者	小田一幸
発行所	学校法人 桑沢学園
	〒192-0992　東京都八王子市宇津貫町1556
	TEL 042-637-8111　FAX 042-637-8110
発売元	株式会社　アイノア
	〒104-0031　東京都中央区京橋3-6-6 エクスアートビル
	TEL 03-3561-8751　FAX 03-3564-3578
印刷・製本	凸版印刷株式会社

© KUWASAWAGAKUEN 2010 Printed in Japan
ISBN978-4-88169-167-0 C3370

落丁・乱丁はお取り替えいたします。
本書の無断複写・複製・転載を禁じます。
＊定価はケースに表示してあります。